Flash CS3

中文版实用教程

刘劲鸥　编著

上海科学普及出版社

图书在版编目（CIP）数据

Flash CS3中文版实用教程／刘劲鸥编著.－上海：上海科学普及出版社，2009.3
ISBN 978-7-5427-1811-2

I.F...　II.刘...　III.动画－设计－图形软件－Flash CS3－教材　IV.TP391.41

中国版本图书馆CIP数据核字（2008）第211979号

策划编辑　胡名正
责任编辑　郭子安
统　　筹　徐丽萍

刘湘雯

Flash CS3中文版实用教程
刘劲鸥 编著
上海科学普及出版社出版发行
（上海中山北路832号 邮政编码200070）
http://www.pspsh.com

各地新华书店经销　　三河市德利印刷有限公司印刷
开本 787×1092 1/16　印张 13.5　字数 360000
2009年3月第1版　　　2009年3月第1次印刷

ISBN 978-7-5427-1811-2　　　定价：20.00元

前　言

Flash CS3 是 Adobe 公司开发的、主要用于网页中的多媒体设计和制作的软件，具有简便易学、使用方便等优点，是网络多媒体的主要工作软件之一。

本书详细讲解 Flash CS3 软件的使用方法，配合课后练习，巩固各章所学内容。全书共 16 章。可以分为绘制形状、动画制作、编程应用和扩展功能等几部分。第 1、2 章讲解界面知识和基础操作；第 3、4、5 和 6 章讲解绘制形状，包括绘制线条、填充色彩、添加文本和导入图像，主要是对一些静态元素的处理；第 7、8、9、10 和 11 章讲解制作 Flash 动画的相关内容，偏重动态元素的制作；第 12 和 13 章重点讲解编程的基础知识；第 14 章讲解测试和发布已完成的 Flash 作品的方法；第 15 章介绍一扩展功能，如幻灯片的制作；第 16 章以一个综合实例，帮助读者理解使用 Flash CS3 的完整过程。

本书注重实用性和可操作性，采用循序渐进的手把手教学方式，紧密结合软件特点，深入浅出讲解知识点，读者只要认真阅读并上机操作，就能轻松学会使用 Flash CS3 软件。

本书是为各类高职高专的学生以及自学人员编写的。该书不仅适用于初学者，对于已经熟悉 Flash CS3 或以前版本的读者也有参考价值。

本书由北京子午信诚科技发展有限责任公司刘劲鸥编著，赵娟、杨瀛审校；封面由乐章工作室金钊设计。

由于作者水平有限，加之创作时间仓促，书中难免存在疏漏和不足，欢迎广大读者批评指正。

本书读者在阅读过程中如有问题，可登录售后服务网站，点击"学习论坛"，进入"今日学习论坛"，注册后将问题写明，我们将在一周内予以解答。售后服务网站：http：//www.todayonline.cn。

作　者

2009 年 2 月

目　录

第1章　Flash CS3快速入门

通过本章，你应当：

（1）了解 Flash CS3 的基本功能和实际应用。

（2）认识 Flash CS3 的工作界面，掌握工作界面的调整。

1.1　Flash CS3 的基本功能和应用

1.1.1　Flash CS3 的基本功能

Flash CS3 具有以下基本功能：

（1）绘图功能：Flash 可以完成图形绘制、特殊字形处理等方面的工作。

（2）动画功能：Flash 提供的动画工具可以制作出漂亮的动画。

（3）编程功能：制作 Flash 交互式动画。Flash 提供了几百个关键词，可以完成复杂的行为制作。

这3部分功能是相对独立的，在工作中通常分开进行，例如，由美工人员完成绘图及部分多媒体的制作，由编程人员完成互动行为的编写，再由制作人员进行最后的加工制作。

学习 Flash 也可以按绘图、动画制作和编程3个部分进行。

1.1.2　Flash CS3 的实际应用

Flash CS3 可以完成以下工作：

（1）绘图工作：使用 Flash 可以完成图形绘制方面的工作。

（2）制作简单动画：使用 Flash 制作动画是十分简单有趣的工作，即使是一个初学者也可以制作出非常精彩的动画场景。

（3）网站开发：使用 Flash 可以设计漂亮的动态网页及建设简单的网站。

（4）游戏设计：使用 Flash 提供的编程工具可以方便快捷地进行游戏开发。

1.2　Flash CS3 的工作界面

1.2.1　认识 Flash CS3 的工作界面

如图1-2-1所示，Flash 默认的工作界面包括菜单栏、工具箱、时间轴面板、舞台、属性面板、面板组等部分。

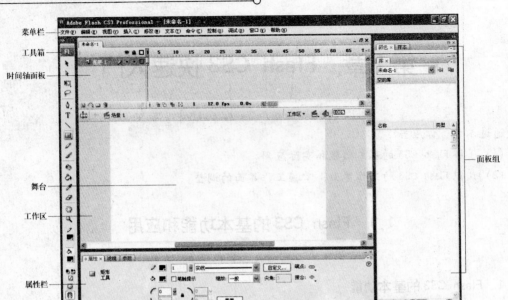

图 1-2-1

　　菜单栏：提供各种命令集，如"文件"菜单中提供了对文件操作的命令，"修改"菜单中提供了对对象操作的命令。

　　工具箱：提供绘图工具。

　　时间轴面板：控制和描述 Flash 影片播放速度和播放时长的工具。例如，设置帧和图层的顺序。

　　舞台：提供当前角色表演的场所。

　　工作区：角色进入舞台时的场所。播放影片时，处在工作区的角色不会显示出来。

　　属性面板：显示当前工具、元件、帧等对象的属性和参数。通过属性面板可以设置当前对象的属性和参数。

　　面板组：Flash 包括多种面板，分别提供不同功能，如颜色面板提供色彩选择等。

1.2.2　调整 Flash CS3 的工作界面

　　编辑 Flash 文档时，经常需要调整 Flash 的工作界面。图 1-2-2 中显示了工作界面中常用的调整按钮和设置项。

　　1.展开和折叠面板或面板组

　　在图 1-2-2 中标识了展开和折叠面板按钮。

　　单击面板的展开按钮可以将折叠的面板展开。

　　单击面板的折叠按钮可以将展开的面板折叠。

　　单击面板组的展开按钮可以将折叠的面板组展开。

　　单击面板组的折叠按钮可以将展开的面板组折叠。

　　2.打开和关闭面板

　　执行"窗口"菜单中的面板命令可以打开或关闭对应的面板。

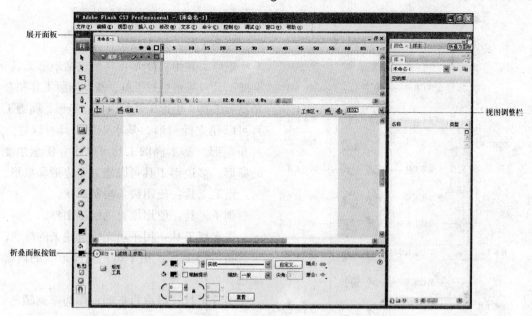

展开面板 →

视图调整栏 →

折叠面板按钮 →

图1-2-2

例如，单击"窗口→对齐"，可以打开对齐面板。

再次单击"窗口→对齐"，可以关闭对齐面板。

3. 调整视图

单击视图调整栏中的下拉按钮，可以从弹出的菜单中选择当前视图的大小。还可以单击调整栏中的文字处，直接输入所需放大或者缩小的数值来确定视图的大小。视图调整栏中输入的是百分数。

1.3　工 具 箱

执行"窗口→工具"命令，可以打开或关闭图1-3-1所示的工具箱。Flash CS3的工具箱中包含一套完整的绘图工具。

工具箱分为绘图工具、查看工具、颜色选择工具和工具选项栏4个部分。用鼠标单击工具箱中的目标工具图标，就可以激活该工具。工具箱选项栏会显示当前工具的具体可用设置项，例如，选择箭头工具，与它相对应的属性选项就会出现在工具箱选项栏中。

工具箱中各工具的功能如下：

选择工具：用来选择目标、修改目标形状的轮廓，按住 Ctrl 键操作可在轮廓线上添加节点并改变轮廓形状。

部分选取工具：通过调节节点的位置或曲柄改变线条的形状。

变形工具组：工具组中包含了任意变形工具和渐变变形工具。任意变形工具可执行调整目标对象的大小、旋转等变形操作。渐变变形工具可调整渐变填充色的方向、渐变过渡的距离。

套索工具：套选目标形状。

钢笔工具组：以节点方式建立复杂的选区形状。

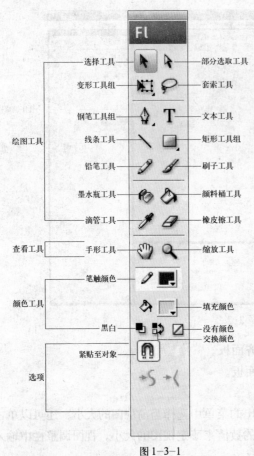

选择工具 ———— 部分选取工具
变形工具组 ———— 套索工具
钢笔工具组 ———— 文本工具
绘图工具
线条工具 ———— 矩形工具组
铅笔工具 ———— 刷子工具
墨水瓶工具 ———— 颜料桶工具
滴管工具 ———— 橡皮擦工具
查看工具 手形工具 ———— 缩放工具
笔触颜色
颜色工具
填充颜色
黑白 ———— 没有颜色
交换颜色
紧贴至对象
选项

图 1-3-1

文本工具：用于输入文字。

线条工具：用于画出直线段。

矩形工具组：矩形工具组包括矩形工具、椭圆工具、基本矩形工具、基本椭圆工具和多角星形工具。矩形工具可以建立矩形，椭圆工具可以建立椭圆形，基本矩形工具可以建立圆角矩形，基本椭圆工具可以建立任意角度的扇形，多边形工具可以建立多边形和星形。

铅笔工具：使用线条绘制形状。

刷子工具：使用填充色绘制图形。

墨水瓶工具：用于填充轮廓线条的颜色。

颜料桶工具：用于填充封闭形状的内部颜色。

滴管工具：提取目标颜色作为填充颜色。

橡皮擦工具：用于擦除形状。

手形工具：用于调整移动工作区的视点。

缩放工具：用于放大和缩小视图。

笔触颜色：显示当前绘制线条所采用的颜色。

填充颜色：显示当前用来填充形状内部的颜色。

黑白按钮：可以将当前笔触色设为黑色，填充色设为白色。

交换颜色：将当前的笔触色与填充色交换。

没有颜色：绘制的封闭形状将不会自动以当前填充颜色填充，仅为线条形状。

选项：显示当前工具可以设置的选项。

1.4 控制面板

面板是提供相关操作的命令集合。若目标面板没有在界面中显示，可以单击菜单栏中的"窗口"，在弹出的菜单中选择目标命令，即可打开对应面板。

1.4.1 工具栏

工具栏中包括主工具栏、控制器和编辑栏。

1.主工具栏

单击"窗口→工具栏→主工具栏"命令，可以打开或关闭主工具栏。

　　图1-4-1所示为主工具栏，该栏中提供了新建文件、打开文件、存储文件等命令的按钮。通过单击这些按钮可以快速执行相应命令。

图1-4-1

　　2.控制器

　　单击"窗口→工具栏→控制器"命令，可以打开或关闭控制器。

　　图1-4-2所示为控制器。控制器用来控制动画的播放、暂停等播放状态。

图1-4-2

　　3.编辑栏

　　单击"窗口→工具栏→编辑栏"命令，可以打开或关闭编辑栏。

　　图1-4-3所示为编辑栏。通过编辑栏可以了解当前的编辑状态，并可通过编辑栏快速选择场景、元件及调整舞台视图的显示百分比。

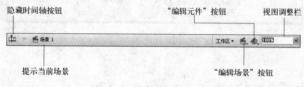

图1-4-3

　　单击"场景1"按钮，可以回到场景1中的主视图。

　　单击"编辑场景"按钮，在弹出的菜单中会显示当前文件所包含的场景，单击菜单中的目标场景名称可以切换到该场景。

　　单击"编辑元件"按钮，在弹出的菜单中会显示当前文件所包含的元件，单击菜单中的元件名称可以切换到该元件的编辑视图。

1.4.2　时间轴

　　单击"窗口→时间轴"命令，可以打开或关闭时间轴面板。

　　图1-4-4所示为时间轴面板。在时间轴面板中可以对图层和帧进行添加、删除，移动图层和帧的位置，改变图层和帧的属性等操作。

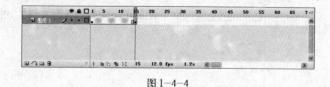

图1-4-4

1.4.3　属性

　　属性级联菜单中包括属性、滤镜和参数。

　　1.属性面板

　　单击"窗口→属性→属性"命令，可以打开或关闭属性面板。

图1-4-5所示为属性面板。属性面板中显示当前使用的工具或被选择对象的各种参数和属性。可以在属性面板中对当前工具或对象进行属性和参数设置。

图1-4-5

2.滤镜面板

执行"窗口→属性→滤镜"命令，可以打开滤镜面板。

图1-4-6所示为滤镜面板。通过滤镜面板可以为元件添加滤镜效果。

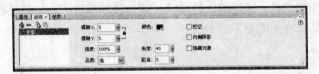

图1-4-6

3.参数面板

执行"窗口→属性→参数"命令，可以打开参数面板。

图1-4-7所示为参数面板。参数面板可以修改组件的参数。

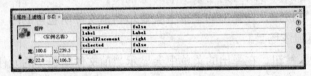

图1-4-7

1.4.4 库面板

单击"窗口→库"命令，可以打开或关闭库面板。

图1-4-8所示为库面板。利用库面板可以方便、快捷地查找、组织以及调用资源，库中存储的资源被称为元件，可重复调用。

图1-4-8

1.4.5 公用库面板

公用库含有学习交互、按钮和类。

单击"窗口→公用库→学习交互"命令，可以打开或关闭公用库的学习交互面板。

单击"窗口→公用库→按钮"命令，可以打开或关闭公用库的按钮面板。

单击"窗口→公用库→类"命令，可以打开或关闭公用库的类面板。

图1-4-9所示为公用库。公用库中有一些常用声音、按钮等元件以供使用。也可以创建自己的公用库，然后将它们应用于所创建的任何Flash文档中。

图1-4-9

1.4.6 动作面板

单击"窗口→动作"命令，可以打开或关闭动作面板。

图1-4-10所示为动作面板。动作面板提供一个可编程环境，通过编程可以创建响应键盘或鼠标的事件、游戏和自定义界面等。

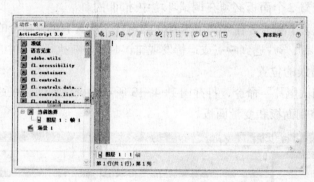

图1-4-10

1.4.7 行为面板

单击"窗口→行为"命令，可以打开或关闭行为面板。

图1-4-11所示为行为面板。通过行为面板可以直接使用行为库中提供的动作。例如要播放外部载入的视频动作，可以直接使用行为面板来添加。

图1-4-11

1.4.8 编译器错误

执行"窗口→编译器错误"命令，可以打开或关闭编译器错误面板。

图1-4-12所示为编译器错误面板，编译器错误面板可以准确显示影片中错误的行为命令。

图1-4-12

1.4.9 调试面板

执行"窗口→调试面板"命令，可以打开或关闭调试器面板，其中含有3个打开面板命令，分别是调试控制台、变量和ActionScript 2.0调试器。

调试控制台和变量2个面板必须在调试环境中才可用。

调试环境主要是为了测试含有ActionScript的影片，即含有编程命令的影片的测试。在调试播放过程中，当Flash影片遇到断点或运行发现错误时，中断执行影片中的ActionScript。并且提供代码中遇到错误的位置。

执行"调试→调试影片"命令，打开图1-4-13所示的调试界面。在该界面中自动在图的左侧位置打开调试控制面板和变量面板。

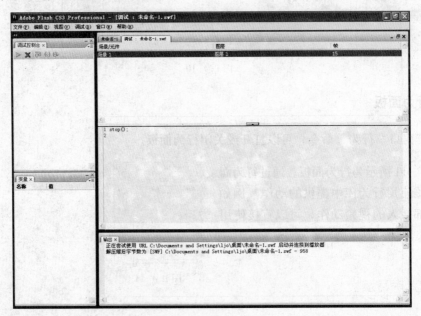

图1-4-13

当被调试的影片使用旧版 ActionScript 2.0语言编写其中的程序时，需要使用 ActionScript 2.0调试器调试影片。对比可以执行"窗口→调试面板→ActionScript 2.0调试器"命令，打开图1-4-14所示的调试器面板，然后使用该面板调试影片。

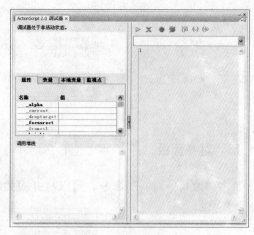

图1-4-14

1.4.10 影片浏览器面板

单击"窗口→影片浏览器"命令，可以打开影片浏览器面板。

图1-4-15所示为影片浏览器面板。该面板中显示当前影片所包含的所有信息，如影片中包含的场景，每个场景中出场的角色等。

图1-4-15

1.4.11 输出面板

单击"窗口→输出"命令，可以打开或关闭输出面板。

图1-4-16所示为输出面板。测试动画时，输出面板中会显示 Flash 文档中的错误。

图1-4-16

1.4.12 项目面板

单击"窗口→项目"命令，可以打开或关闭项目面板。

图 1-4-17

图 1-4-17所示为项目面板。通过项目面板可以创建和管理项目。

1.4.13 对齐面板

单击"窗口→对齐"命令，可以打开或关闭对齐面板。

图 1-4-18

图 1-4-18所示为对齐面板。通过对齐面板可以排列同一场景中的多个被选定对象的位置。

1.4.14 颜色面板

单击"窗口→颜色"命令，可以打开或关闭颜色器面板。

图 1-4-19

图 1-4-19所示为颜色面板。通过混色器面板可以设置笔触和填充色。

1.4.15 信息面板

单击"窗口→信息"命令，可以打开或关闭信息面板。

图 1-4-20

图 1-4-20所示为信息面板。信息面板显示当前所选对象的一些基本信息，如高度、宽度和颜色等。通过信息面板可以调整对象在舞台中的位置。

1.4.16 样本面板

单击"窗口→样本"命令，可以打开或关闭样本面板。

图1-4-21所示为样本面板。样本面板提供颜色样本，可以直接在颜色样本面板中选择笔触色和填充色。

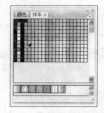

图1-4-21

1.4.17　变形面板

单击"窗口→变形"命令，可以打开或关闭变形面板。

图1-4-22所示为变形面板。通过变形面板可对所选对象进行大小、旋转和倾斜等变形处理。

图1-4-22

1.4.18　组件面板

单击"窗口→组件"命令，可以打开或关闭组件面板。

图1-4-23所示为组件面板。组件面板提供了一些常见格式的组件，如滚动文本框等。即使是初学者也可以使用这些组件制作出非常复杂的界面。

图1-4-23

1.4.19　组件检查器面板

单击"窗口→组件检查器"命令，可以打开或关闭组件检查器面板。

图1-4-24所示为组件检查器面板。通过组件检查器面板可以查看、修改当前组件的一些参数。

图1-4-24

1.4.20 其他面板

其他面板包括辅助功能面板、历史记录面板、场景面板、屏幕面板、字符串面板和 Web 服务面板。

1.辅助功能面板

单击"窗口→其他面板→辅助功能"命令，可以打开或关闭辅助功能面板。

图 1-4-25 所示为辅助功能面板。通过辅助功能面板可以创建所有用户都能访问的 Flash 内容。

图 1-4-25

2.历史记录面板

单击"窗口→其他面板→历史记录"命令，可以打开或关闭历史记录面板。

图 1-4-26 所示为历史记录面板。历史记录面板可以记录对文件操作的步骤。单击历史记录面板中显示的某一步骤可以返回该步骤的操作。使用历史记录面板还可录制步骤。

图 1-4-26

3.场景面板

单击"窗口→其他面板→场景"命令，可以打开或关闭场景面板。

图 1-4-27 所示为场景面板。通过场景面板可以创建、删除和重新组织场景，还可以在不同的场景之间切换。通常一个动画影片包括很多场景，使用场景面板管理和编辑场景间播放顺序更直观、方便。

图 1-4-27

4.屏幕面板

单击"窗口→其他面板→屏幕"命令，可以打开或关闭屏幕面板。

图 1-4-28 所示为屏幕面板。使用 Flash 提供的幻灯片演示文稿建立演示文稿时，该命令处于激活状态，可以通过该面板执行选择、添加和删除幻灯片的操作。

图 1-4-28

5.字符串面板

单击"窗口→其他面板→字符串"命令，可以打开或关闭字符串面板。

图1-4-29所示为字符串面板。通过字符串面板可以为元件、组件等设置外部连接或响应动作等。

图1-4-29

6.Web服务面板

单击"窗口→其他面板→Web服务"命令，可以打开或关闭Web服务面板。

图1-4-30所示为Web服务面板。通过该面板，可以定义远程连接服务，如要定期下载升级组件服务，只需向Web服务面板中添加远程服务的网址。

图1-4-30

1.5　Flash CS3的帮助面板

单击"帮助→Flash帮助"命令，可以打开或关闭帮助面板。

图1-5-1所示为帮助面板。通过帮助面板可以快速查找Flash相关操作和命令的讲解信息。帮助面板中还提供了一些基础知识的教程，初学者可以通过帮助面板快速入门。

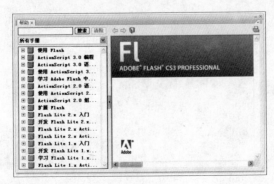

图1-5-1

1.6　小　结

　　本章主要讲解了 Flash CS3 的操作界面和一些基础知识。通过本章的学习，读者应重点掌握 Flash CS3 的操作界面和界面的调整。

1.7　练　习

填空题

　　(1) Flash CS3 的工作界面包括_____、_____、_____、_____、_____、_____、_____等。

　　(2) 工具栏包括_____、_____、_____ 3 项。

问答题

　　简述 Flash CS3 的基本功能与应用。

第2章 Flash CS3 的基础操作

通过本章，你应当：

(1) 学会建立和保存 Flash 文件。

(2) 学会对 Flash 的对象进行操作。

(3) 了解 Flash CS3 的基础概念。

2.1 文 件 操 作

2.1.1 新建 Flash 文件

新建 Flash 文件的操作步骤如下：

启动 Flash CS3 后，Flash CS3 会打开图 2-1-1 所示的起始页。

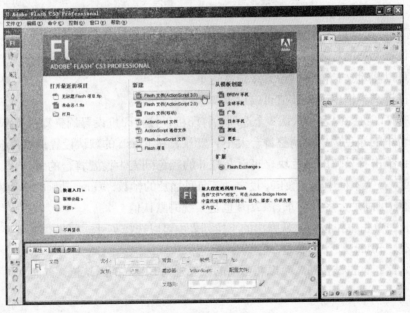

图 2-1-1

单击"新建"栏下的"Flash 文件（ActionScript 3.0）"，可以创建扩展名为 fla 的新文件。新建文件自动采用 Flash 的默认文件属性。

还可以执行"文件→新建"命令，打开"新建文件"对话框。在"新建文件"对话框中选择"Flash 文件（ActionScript 3.0）"完成新建文件。

注：Flash 文件（ActionScript 3.0）和 Flash 文件（ActionScript 2.0）中的"ActionScript 3.0"和"ActionScript 2.0"是在使用 Flash 文件编程时所采用的脚本语言的版本。Flash CS3 默认采用

ActionScript 3.0版本的语言。ActionScript 2.0版是Flash 8中普遍采用的脚本语言，在易用性和功能上不如ActionScript 3.0。两个版本的语言不兼容，需要不同的解释器进行编译，所以新建文件时，需要根据实际需要，选择使用哪种方式新建文件。

在制作不含有脚本的Flash动画时，使用"Flash文件（ActionScript 3.0）"和"Flash文件（ActionScript 2.0）"方式新建的文件没有区别。

2.1.2 设置文件属性

新建Flash文件后，经常需要对它的尺寸、背景颜色、帧频、标尺单位等属性进行设置。其操作方法如下：

图2-1-2

（1）执行"修改→文档"命令（或按"Ctrl+J"组合键），打开如图2-1-2所示的"文档属性"对话框。在该对话框中显示了文档的当前属性。

（2）在"文档属性"对话框中设置文档属性。

（3）单击"确定"按钮完成设定。

"文档属性"对话框中各项含义如下：

标题：设置文档的标题。

描述：可以将对文档内容的备忘录记在这里。

尺寸：在该文本框中输入数值可以设置舞台的宽和高。

匹配：有打印机、内容和默认3个选项。打印机，按打印机设置调整舞台大小；内容，舞台自动以舞台中的角色为中心调整舞台大小；默认，按Flash的默认设置调整舞台大小。

背景色：单击背景色的颜色块，可以在打开的颜色列表中设置舞台的背景色。

帧频：可以在文本框中输入数值，设定动画每秒播放的帧数。Flash动画的播放速度在12fps（帧／秒）时即可满足大多数需求，12fps也是系统的默认值。

标尺单位：单击下拉按钮，从弹出的下拉列表中可以选择英寸、厘米、毫米等作为当前标尺的长度单位。Flash默认的长度单位为像素。

设为默认值：单击该按钮，可以将当前的设置定为Flash的默认值。新建文件会自动采用默认属性。

2.1.3 保存Flash文件

保存Flash文件的命令有"保存"、"保存并压缩"、"另存为"、"另存为模板"和"全部保存"命令。使用这些命令都可以保存文件，因为这些操作比较相似，所以本节重点讲解"保存"、"另存为"和"另存为模板"命令。

1."保存"命令

保存文件操作如下：

（1）执行"文件→保存"命令。如果是第一次执行保存命令，会弹出如图2-1-3所示的"另存为"对话框。

注：当再次单击"保存"命令时会以第一次保存文件所设定格式自动覆盖存储内容。

（2）在"另存为"对话框中，可以设定文件的保存路径、名称和格式。

（3）单击"保存"按钮完成保存。

图2-1-3

"另存为"对话框中各选项的含义如下：

保存在：可以设定当前文件存储位置。单击"保存在"右侧的下拉按钮，在弹出的路径中查找文件的存储位置。

单击"另存为"对话框中左侧的按钮，如"桌面"、"我的文件"等，可以快速转向这些目标文件夹。

单击"另存为"对话框中右上方的"向上"按钮 ，可以移至上一级目录；单击"新建文件夹"按钮 可以新建文件夹；单击"'查看'菜单"按钮 ，可以在弹出的菜单中选择当前文件夹中的文件排序方式。

文件名：在"文件名"输入框中可以输入当前文件的名称。将鼠标指针移至"文件名"输入框内单击，出现闪烁光标后输入文件名称。

保存类型：设定文件的保存类型。单击"保存类型"右侧的下拉按钮，在弹出的下拉菜单中选择目标文件类型。

保存类型包括"Flash CS3文档"和"Flash 8文档"2种格式。保留"Flash 8文档"格式是为了能与上一版本保持良好的兼容性，由于Flash CS3采用的一些新技术无法被Flash 8支持，因此这里保留了"Flash 8文档"格式。

2."另存为"命令

当文件需要以新的路径或格式保存时，可以使用"另存为"命令，操作步骤如下：

（1）执行"文件→另存为"命令，打开"另存为"对话框。

（2）在"另存为"对话框中设定文件的名称、格式、路径等，与使用"保存"命令的操作一样。

（3）单击"保存"按钮，文件将保存在新的路径中。

3."另存为模板"命令

当需要将文件当作样本多次使用时，可使用模板形式保存。例如，制作一个按钮，需在不同功能的按钮上使用不同的说明文字，这时可先制作一个没有文字的按钮，再将其存为模板。

"另存为模板"的操作如下：

（1）执行"文件→另存为模板"命令，打开如图2-1-4所示的"另存为模板"对话框。

（2）在"名称"输入框中输入模板名称，并在"类别"的下拉列表框中输入或选择类别。在"描述"文本框中输入模板说明（最多255

图2-1-4

个字符)。当在"新文件"对话框中选择该模板时,该说明就会显示出来。

(3) 单击"保存"按钮将当前文件保存为模板。

使用创建的模板新建文件的操作方法如下:

(1) 启动 Flash CS3,单击如图 2-1-5 所示的"从模板创建"中的目标模板按钮。打开"从模板新建"对话框。

图 2-1-5

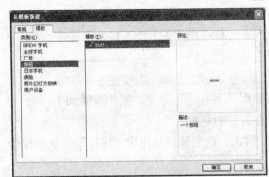

图 2-1-6

(2) 在如图 2-1-6 所示的"从模板新建"对话框中,选择刚才保存的"按钮"模板。

(3) 单击"确定"按钮,完成文件建立。

注:如图 2-1-6 所示的界面中,左边类别中为 Flash 自带的各类模板,如广告、手机等,可根据需要选择。

2.1.4 打开和关闭 Flash 文件

1.打开文件

打开文件的操作如下:

(1) 执行"文件→打开"命令,打开如图 2-1-7 所示的"打开"对话框。

(2) 在对话框中选择目标文件。

(3) 单击"打开"按钮,打开 Flash 文件。

2.关闭文件

关闭文件的操作如下:

图 2-1-7

（1）单击时间轴面板右上角的关闭按钮"×"即可关闭当前文件。或执行"文件→关闭"命令，关闭当前文件。

（2）若当前文件改动后没有被保存过，会弹出一个保存提示对话框，如图2-1-8所示。

（3）单击"是"按钮，保存并关闭文件。

图2-1-8

注：单击"否"按钮，不保存并关闭文件；

单击"取消"按钮，回到编辑界面中。

2.2　Flash 的对象操作

对象操作是Flash最基本的操作。通过本节的学习，初学者应熟悉Flash工作平台，并掌握对象的各种操作，例如移动、选择对象等。

2.2.1　选择对象

选择对象是最基本的操作，只有在选择了目标对象后，才能够对其进行所需的编辑操作。执行操作前应注意所选对象的状态，选择操作无法选中被隐藏或锁定的对象。

使用时间轴面板选择对象

使用时间轴面板可以快速选取当前帧图层上的所有内容，其操作如下：

（1）在时间轴面板中选择目标图层。

（2）如图2-2-1所示，单击时间轴中目标图层所在行的目标帧，可以全部选中当前帧上的所有角色。

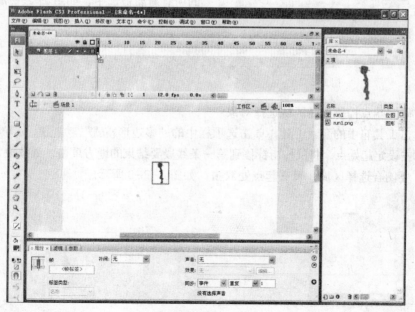

图2-2-1

注：此命令与"编辑→全选"命令（或按快捷键"Ctrl+A"）类似，全选命令可以全部选择当前帧图层中的所有内容。

使用选择工具选择对象

1.选择单一目标对象

（1）单击工具箱中的选择工具。

（2）移动鼠标指针至目标对象上单击，选中目标。

注：当指向的目标对象为元件、图像和组合后的图形时，选择的是一个完整的目标；当指向的目标为矢量图形时，Flash只选择最近两个交点（或端点）间的线段；当指向为填充色彩时，自动以色彩封闭的边缘为限选择色彩范围。

2.选择某一矩形范围内的对象

（1）单击工具箱中的选择工具。

（2）在目标位置的左上角按住左键拖动鼠标至目标对象的右下角，将目标对象的所有内容框选在矩形区域内。释放鼠标左键，当前图层矩形范围内的所有对象都会被选中。

3.向所选择的对象组中添加对象

（1）单击工具箱中的选择工具。

（2）按住Shift键，单击或框选某一范围内的目标对象，被选中的对象会追加到已选中的目标对象组中。

使用套索工具选择对象

1.按鼠标轨迹框选目标对象

（1）单击工具箱中的套索工具。

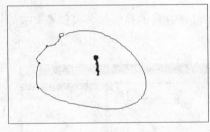

（2）按住鼠标左键沿目标区域画出一个范围，释放鼠标左键后曲线会自动闭合，范围内的所有对象被选中，如图2-2-2所示。

图2-2-2

2.通过确定端点控制选择区域选择对象

（1）单击工具箱中的套索工具，单击选项栏中的"多边形模式"功能键。

（2）单击设定起始点，将鼠标指针移到第一条线段要结束的地方单击，继续设定其他线段的结束点；要闭合选择区域，可在起点处双击，如图2-2-3所示。

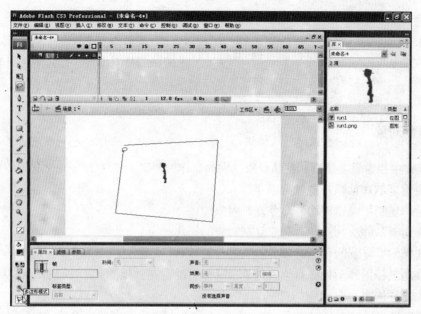

图 2-2-3

2.2.2　移动对象

1.使用选择工具移动对象

使用选择工具移动对象的操作如下：

（1）选择需要移动的目标对象。

（2）单击选择工具，移动鼠标指针至目标对象上，按住鼠标左键将对象拖动至目标位置。

要使对象沿水平、垂直或旋转 45 度的倍数方向移动，可按住 Shift 键拖动鼠标。

要拷贝对象并移动副本，可按住 Alt 键拖动鼠标。

注：也可使用方向键移动选中的对象。按一下方向键移动一个像素的距离。按住 Shift 键再按方向键会以 10 个像素为单位移动。

2.使用属性面板移动对象

使用属性面板移动对象的操作如下：

（1）选择目标对象。

（2）执行"窗口→属性"命令，打开图 2-2-4 所示的属性面板。在左下角标有 X、Y 的文本框里，输入目标对象相对于舞台左上角的坐标值，按 Enter 键完成移动。

图 2-2-4

注：属性面板使用当前文件属性中的标尺单位。

3.使用信息面板移动对象

使用信息面板移动对象的操作如下：

图2-2-5

（1）选择目标对象。

（2）单击"窗口→信息"命令，打开图2-2-5所示的信息面板，输入所选对象在舞台中的坐标值，按Enter键完成移动。

2.2.3 复制对象

实际工作中经常需要复制和粘贴对象，例如制作一个满天雪花的场景，没有必要制作每一片雪花，使用复制和粘贴功能就可以了。

1.使用"复制"或"剪切"命令复制对象

使用"复制"（或"剪切"）命令复制对象的操作如下：

（1）选择需要复制的目标对象。

（2）移动鼠标指针至目标对象上并单击鼠标右键，在弹出的菜单中选择"拷贝"（或"剪切"）命令。

（3）将鼠标指针移至目标位置，单击鼠标右键，在弹出的菜单中选择"粘贴"或"粘贴到当前位置"命令完成复制。

注："粘贴"命令可以将对象复制到舞台中央，"粘贴到当前位置"命令会将对象复制在鼠标所指的位置。

2.使用选择工具复制对象

使用选择工具复制对象的操作如下：

（1）选择目标对象。

（2）单击工具箱中的选择工具。

（3）移动鼠标指针至目标对象上，按住Alt键并拖动对象到目标位置，完成复制。

2.2.4 删除对象

删除对象的操作如下：

（1）选择目标对象。

（2）按Delete键或Back Space键完成操作。

注：执行"编辑→清除"命令或执行"编辑→剪切"命令，也可以实现删除操作。

2.2.5 变形对象

变形对象包括缩放、旋转、扭曲等操作。

缩放对象

1.使用"任意变形"缩放对象

（1）在舞台上选择一个或多个图形对象。

（2）执行"修改→变形→任意变形"命令，或者移动鼠标指针至所选对象上单击鼠标右键，在弹出的菜单中选择"任意变形"命令。

（3）执行"任意变形"命令后，所选对象的周围会出现如图2-2-6所示的控制点。

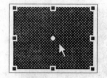

图2-2-6

要沿水平和垂直方向缩放对象，可拖动某个角的控制点，此时长宽比例可自由改变，如图2-2-7所示。

按住Shift键拖动可进行等比例缩放。

图2-2-7

要沿水平或垂直单方向缩放对象，可拖动某边中间的控制点，如图2-2-8所示。

图2-2-8

2.使用变形面板进行缩放

（1）选择目标对象。

（2）执行"窗口→变形"命令，打开如图2-2-9所示的变形面板。

图2-2-9

（3）在该面板中输入介于1～10000之间的垂直和水平缩放值。选择"约束"可保持比例不变。

（4）按Enter键完成缩放。

3.使用信息面板对所选对象进行缩放

（1）选择目标对象。

（2）执行"窗口→信息"命令，打开如图2-2-10所示的信息面板。

图2-2-10

（3）在该面板中输入对象的宽和高的值。

（4）按Enter键完成缩放。

旋转和倾斜对象

1.通过鼠标拖动旋转对象

（1）选择目标对象。

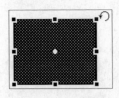
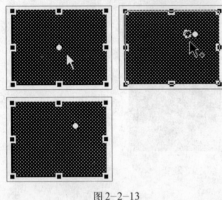

图2-2-11 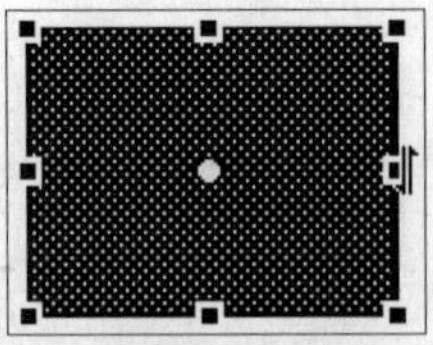　　　　　图2-2-12

（2）执行"修改→变形→旋转与倾斜"命令，对象的周围会出现一些控制点，拖动角控制点旋转对象，如图2-2-11所示，或者拖动中间控制点倾斜对象，如图2-2-12所示。

（3）调整至目标位置释放鼠标左键即可完成变形。

（4）单击所选对象的外部，所选对象的控制点消失，结束变形操作。

注：在目标变形对象中的白色圆点为变形对称点，目标对象的变形是以该点为基准的，如图2-2-13所示。

可以将鼠标指针移动至该点后按住鼠标左键拖动该点到目标位置，从而改变对象的变形基准点。

在"修改→变形"中还提供了旋转、翻转等其他命令，需要时可直接单击所需命令。

图2-2-13

2．使用变形面板旋转和倾斜对象

（1）选择目标对象。

（2）执行"窗口→变形"命令，打开变形面板。

（3）单击"旋转"选项，可对所选对象进行旋转处理；如果要对所选对象进行倾斜处理，那么就要选择"倾斜"选项。

（4）输入旋转角度或倾斜角度。

（5）按Enter键确定。

3．同时缩放和旋转

图2-2-14

（1）选择目标对象。

（2）执行"修改→变形→缩放和旋转"命令，打开如图2-2-14所示的"缩放和旋转"对话框。

（3）在"缩放和旋转"对话框中，输入"缩放"和"旋转"的值。

（4）单击"确定"按钮，完成旋转和缩放。

4．恢复变形对象到初始状态

（1）选择目标对象。

（2）执行"修改→变形→取消变形"命令。

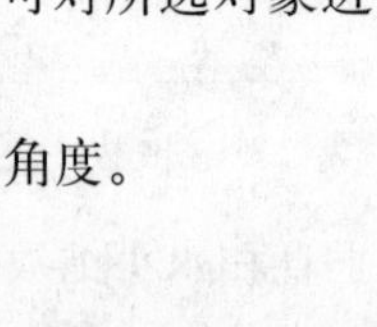

注：要恢复到原来的状态，可以在变形对象仍处于选中状态时，单击变形面板中的"重置"按钮，如图2-2-15所示。

可按"Ctrl+Z"组合键撤销操作恢复原状。

图2-2-15

2.2.6 排列对象

1.使用对齐面板排列对象

使用对齐面板能够沿水平或垂直轴对齐选定的对象。可以沿选定对象的右边缘、中心或左边缘垂直对齐对象，或者沿选定对象的上边缘、中心或下边缘水平对齐对象。边缘由包含每个选定对象的边框决定，可以将所选对象按照中心间距或边缘间距相等的方式进行分布，调整所选对象的大小，使所有对象的水平或垂直尺寸与所选最大对象的尺寸一致。还可以将所选对象与舞台对齐。可以对所选对象应用一个或多个"对齐"选项，操作步骤如下：

（1）选择需要对齐的对象。

（2）执行"窗口→对齐"命令，打开如图
2-2-16所示的对齐面板。

（3）在对齐面板中，选择"相对于舞台"□
按钮，可以应用相对于舞台尺寸的对齐。

图2-2-16

（4）选择对齐按钮对齐选定的对象。对齐方式有以下6种：左对齐🗖、居中对齐🗗、右对齐🗗、顶端水平对齐🗔、居中水平对齐🗔、底端水平对齐🗔。

对于"分布"，有以下6种选择：顶部分布🗖、水平中间分布🗗、底部分布🗗、左侧分布🗗、垂直中间分布🗗或右侧分布🗗。

对于"匹配大小"，有以下3种选择：匹配宽度🗖、匹配高度🗗或匹配宽和高🗗。

对于"间隔"，有以下两种选择：水平间隔🗖和垂直间隔🗗。

2.叠放对象

在同一个图层上，Flash根据对象创建或导入的先后顺序叠放，最先创建或导入的对象放在最底层，最后创建或导入的对象放置在最顶层。

下面是叠放图像顺序的一个实例。

（1）执行"文件→导入"命令，打开"导入"对话框，依次导入鱼缸、水草和鱼的图片。其叠放顺序如图2-2-17所示，即最后导入的图片放在最顶层，最先导入的鱼缸图片放在最底层。

图2-2-17   图2-2-18

（2）要改变它们默认的叠放次序，需选中
其中的一个对象，执行"修改→排列"命令，会出现一个弹出菜单，如图2-2-18所示。

（3）在弹出菜单中选择相应命令，移动图像的位置。

移至顶层：将选中的对象放置在所有对象的最上面。

上移一层：将所选中的对象放置在它上面一个对象的上面。

下移一层：将所选中的对象放置在它下面一个对象的下面。

移至底层：将选中的对象放置在所有对象的最下面。

锁定：锁定选中的对象，这时将无法改变其叠放的顺序。

解除全部锁定：可以解除对象被锁定的状态。

图 2-2-19

注：使用工具箱中的椭圆工具画一个椭圆，可以看到椭圆位于最底层，如图2-2-19所示。这是因为椭圆是默认的矢量图形状态，与导入的图片类型不同，在Flash中不同类型的图像间是无法正确排序的。

解决方法是将排序对象转换为同一种类型。

选择绘制的椭圆，执行"修改→组合"命令，将椭圆组合成图像，这样椭圆与导入的图片类型相同，就可以正确排序了。

2.2.7　分离组件或对象

分离对象是为了将位图转换为在Flash中可编辑的矢量图，要将组、元件实例和位图分离成单独的可编辑元素，可以使用"分离"命令。分离组件可以减小导入位图文件的大小，使之成为可编辑的图形元素。分离组件的操作步骤如下：

（1）选择需要分离的目标位图、组或元件实例。

图 2-2-20

（2）执行"修改→分离"命令（或按"Ctrl+B"组合键），分离后所选对象会呈现网格状，如图2-2-20所示。

注：最好不要分离动画元件或补间动画内的组合，这可能造成无法预料的后果。分离复杂元件和长文本块需要较长时间。

2.2.8　组合对象

在制作Flash动画过程中，可以把一些图形组合在一起，作为一个对象来进行各种处理；可以设置同层中不同组合对象的层次顺序和对齐方式；可以对组进行编辑而不必取消其组合；还可以在组中选择单个对象并进行编辑，不必取消其组合。

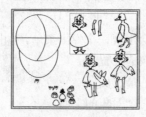

图 2-2-21

1.组合对象

（1）选择要组合的目标对象。

（2）单击"修改→组合"命令（或按"Ctrl+G"组合键），组合后所选对象将成为一个整体，如图2-2-21所示。

（3）使用选择工具双击组合，会进入组合的编辑状态，场景中不属于组合的部分将会变淡，表示不能进行编辑。

（4）编辑完成后，可以执行"编辑→全部编辑"命令，回到场景的编辑状态。

2.取消组合对象

执行"修改→取消组合"命令，可以取消组合，或按"Ctrl+Shift+G"组合键取消组合。

2.3　绘图中的基本概念

2.3.1　位图

位图图像，也称点阵图像，是由称作像素
的单个点组成的。位图图像色彩细腻、丰富，
如图2-3-1所示。

图 2-3-1

2.3.2　矢量图

矢量图，也称绘图图像，在数学上定义为一系列点与点之间的关系。矢量文件中的图形元
素称为对象。每个对象都是一个自成一体的实体，它具有颜色、形状、轮廓、大小和屏幕位置
等属性。因此，在维持它原有清晰度和弯曲度的同时，多次移动和改变它的属性，不会影响图
例中的其他对象。矢量图的这些特征特别适用于机械制图和三维建模，因为它们通常要求能创
建和操作单个对象。

矢量绘图同分辨率无关。这意味着矢量图可以任意放大或缩小而不会出现图像失真现象。

Flash 中的图形图像处理都是以矢量图为基础的，因此在使用 Flash 绘制图形时分笔触色
和填充色，即形状的外边线和内部填充色是各自独立的。

图2-3-2所示为放大的矢量图，图2-3-3所示为缩小的矢量图，两者对比，图像的清晰
度没有发生变化。

图 2-3-2

图 2-3-3

2.3.3　位图和矢量图的区别

计算机中采用两种方式表示图像，一种是位图（又称点阵图），一种是矢量图（又称向量
图），习惯上又将位图称为图像，矢量图称为图形。图形图像处理软件都是以其中一种表示方
式为主，另一种方式为辅，同时使用两种方式处理图像。例如，FreeHand、CorelDRAW、
AutoCAD 等以矢量图方式为主，而 Photoshop、Corel PhotoPaint 等以位图方式为主。

位图和矢量图的区别：

（1）位图即点阵图，是最常用的图像表示方法。位图采用像素来表示图像，它将图像划分成细小的栅格即方块，栅格中的每一点就是图像的像素，其值就是像素的亮度和色彩值。

（2）位图在保存文件时，需要记录下每一个像素在图像中的坐标和色彩数据。栅格划分越密，对应的图像分辨率就越高，图像质量越好，当然文件也就越大，图像的处理速度也就越慢。

（3）矢量图是以数学的方式记录图像的内容，采用一系列的线段或其他造型描述一幅图像。

（4）矢量图通常以一组指令的形式存在，这些指令描绘图形中所包含的直线、圆、弧线和矩形的大小及形状。

（5）矢量图文件占的容量相对较小，可以很容易地进行放大、缩小或旋转等操作。矢量图通常用于3D图像的制作。

2.3.4 图像的分辨率

分辨率是指单位长度内所含点（即像素）的多少。分辨率是图像处理的一个重要概念，它的主要作用是衡量图像精细程度。

图像分辨率是指每英寸图像所含的点数或像素数，单位为dpi。例如，120dpi就表示该图像每英寸含有120个点或像素。

分辨率为35dpi的图像

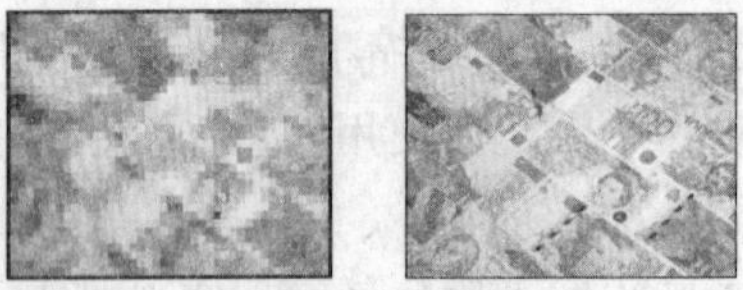

分辨率为72dpi的图像

图2-3-4

位图中，分辨率的大小直接影响图像的品质，图2-3-4所示为不同分辨率下的图像。

图像的分辨率越高，图像越清晰，文件也就越大，在工作中占用系统资源也就越多。所以在制作图像时，应该根据需要设定适当的分辨率。例如，若最终作品只是在屏幕上显示（如多媒体影片），设定为较低的分辨率72dpi就可以了。

2.3.5 图像的颜色模式

在计算机绘图中，要构建一幅生动的图像，必须先设定图像的颜色模式。它是计算机定义颜色的方式，例如RGB、CMYK等。不同的色彩模式定义的颜色范围不同，应用方法也不同。常见的颜色模式有RGB模式、Lab模式、HSB模式、CMYK模式。

1.RGB颜色模式

RGB模式是自发光物体的成色模式，常见的电视机和显示器等自发光物体的颜色描述采用的就是RGB色彩模式。

RGB模式由红（Red）、绿（Green）和蓝（Blue）3种原色光组合而成，由这3种原色光不等量混合可产生成千上万种颜色。人们很早就发现，自然界中所有的颜色都可以由不同强度的红、绿、蓝3种颜色组合而成。因此，RGB三色也被称为光的三原色。

在RGB模式下，每一个像素都用24位二进制数表示，其中RGB的3种原色各使用8位，每一种原色都可以表现出256种不同强度，因此3种原色混合起来就可以生成1667万种颜色，也就是人们常说的真彩色。

2.Lab颜色模式

Lab颜色模式是由RGB三原色转换而来的，是RGB模式转换为HSB模式和CMYK模式的桥梁。该颜色模式由一个发光率Lightness和两个颜色a、b组成，它用颜色轴构成平面上的环形线来表示颜色的变化，其中径向表示色彩饱和度的变化，自内向外饱和度逐渐增高，圆周方向表示色调的变化，每个圆周形成一个色环，而不同的发光率表示不同的亮度，并对应不同环形颜色变化线，它是一种独立于设备的颜色模式，即不论使用何种输出设备，Lab的颜色不会改变。

Lab模式是目前所有模式中包含色彩范围最广的模式，它能毫无偏差地在不同系统和平台之间进行交换。

3.HSB颜色模式

HSB颜色模式是一种基于人的直觉的颜色模式，它将颜色看成3个要素，色相（Hue）、饱和度（Saturation）和亮度（Brightness）。因此，这种颜色模式比较符合人的主观感受，可让使用者觉得更加直观。利用此模式，可以很轻松地选择各种不同明亮度的颜色。

4.CMYK模式

CMYK模式是一种印刷模式，在彩色印刷中使用，它由青（Cyan）、洋红（Magenta）、黄（Yellow）和黑（Black）4种颜色组成。

CMYK颜色模式中，黑色之所以用K表示，是为了避免和RGB三原色中的蓝色（Blue）发生混淆。在本质上，CMYK模式与RGB模式没有区别，但它们产生色彩的方式不同，RGB模式产生色彩的方式称为加色法，CMYK模式产生色彩的方式称为减色法。

在4色打印时，由于所有的用于印刷和打印彩色图像的油墨都会含有一定量的杂质，将C、M、Y这三种油墨均匀混合后产生的是一种深褐色而非纯黑色，所以引入了K（黑色）来补充这一不足。显示器采用了RGB模式，这是因为显示器可以用电子光束轰击荧光屏上的含磷材料发出光亮，从而产生颜色，当没有光时为黑色，光线加到极限时为白色。假如采用RGB色彩模式去打印一幅作品，将不会产生颜色效果，因为打印油墨不会自己发光，因而只有采用一些能够吸收特定的光波而靠反射其他光波产生颜色的油墨。也就是说，当所有的油墨加在一起时是纯黑色，油墨减少时才开始出现色彩，当没有油墨时就成为白色。这样就产生了各种颜色，这种色彩生成方式称为减色法。

在处理图像时，一般不采用CMYK模式，因为这种模式的文件大，会占用更多的磁盘空间和内存。此外，在这种模式下，很多滤镜都不能使用，编辑图像时有很大的不便，所以通常都是在印刷前才转换成这种模式。

2.3.6 颜色深度和Alpha通道

图像数字化后，能否真实反映出图像的颜色，是十分重要的问题。在计算机中，采用颜色深度这一概念说明其处理色彩的能力。

1.颜色深度

颜色深度指的是每个像素可以显示出的颜色数，颜色深度越深，每个像素可显示出的颜色数目就越多。根据颜色深度的不同，颜色有伪彩色、真彩色等几种类型。

（1）伪彩色是8位颜色。采用这种方式，每个像素所能显示的颜色数是2的8次方，即256种颜色，但这种方式显示的256种颜色，并不是固定的，一般都是从24位颜色中选出最为接近的256种颜色。

（2）真彩色是24位颜色，每个像素所能显示的颜色数是24位，也就是2的24次方，约有1670万种颜色。这么多颜色数目，已远远超出了人眼可分辨的颜色范围，所以人们就把24位颜色称为真彩色。

颜色深度越深，彩色就越丰富，越真实，但同时文件也越大。目前在网络上多使用256色处理图像。

2. Alpha通道

也有32位颜色深度的表述，实际上它仍是24位颜色深度，剩下的8位存储每一个像素的透明度信息，也称做Alpha通道。8位的Alpha通道，意味着每个像素均有256个透明度等级。Alpha通道所起的作用是非常大的，可以说它是高质量图像和动画制作处理软件的一个重要标志。

Alpha通道也被写成α（希腊字母）通道，它是除数字图像基色通道外决定图像每一个像素透明度的一个通道。Alpha通道使用不同的灰度值表示透明度的大小，一般情况下，纯白为不透明，纯黑为完全透明，介于白黑之间的灰色表示部分透明。

Alpha通道作用有以下3方面：

（1）用于合成不同的图像，实现混合叠加。

（2）用于选择图像的某一区域，方便修改处理。

（3）利用Alpha通道对基色通道的影响，制作丰富多彩的视觉效果。

2.3.7　图像文件格式

图像文件的存储格式有很多种，其中常见的有以下一些图像格式。

1. JPEG格式

JPEG是Joint Photographic Experts Group（静止图像压缩标准）的缩写。该图像格式主要用于处理照片图像。

下面是对这种格式的介绍。

（1）JPEG格式的图像的每一像素都可以提供24位可用颜色信息，因而一幅JPEG格式的图像可能拥有上千万种的颜色。

（2）为了便于存储及传输，JPEG格式要删除图像中庞大数量的颜色信息，删除被认为多余的信息并进行压缩运算。

（3）JPEG文件越压缩，图像质量降低得就越厉害。当用户第一次保存一个JPEG图像时，图形程序会询问用户要压缩的等级。

（4）对于正在进行制作中的图像，最好不要使用JPEG格式。对于作品存档、把作品模型发送给用户或用于Web页面的最终图像，JPEG则是一种较好的格式。而在制作中，用户最好坚持使用程序的固有格式，例如Illustrator的EPS或Photoshop的PSD。

（5）因为JPEG保持了全部的颜色范围，所以对于Web作品，它们经常被用作照片图像的格式。可以用Photoshop中的3种格式选项中的一项来保存JPEG文件，3种格式的内容如下所述：

① Baseline Standard

直到全部图像被加载到浏览器上才显示图像。

② Baseline Optimized

随着图像的加载，图像不断地被显示。

③ Baseline Progressive

逐渐渲染图像。根据选择的扫描数，屏幕上开始时出现的图像是像素化和模糊的，随着扫描时间的延长，图像逐渐清晰。

2.GIF 格式

GIF（Graphics Interchange Format）格式是 Web 上最早得到支持的图像文件格式，GIF 文件格式具有 3 个重要的属性。

（1）支持"透明度"，可隐藏一种或多种颜色。这个特性对于创建非矩形显示的图像非常有用。例如创建一个不显示背景的物体，可以把物体的背景制作成透明区域。

（2）隔行扫描。访问者对于 Web 页面上图像最普遍的不适就是漫长的下载时间。隔行扫描虽然不能加快 GIF 图像的下载，但是它能提供给访问者一些东西进行查看，而不再是一个空白的屏幕。在下载文件的时候，隔行扫描进行保存的图像有一个"发展"的外观，犹如即拍即得的照片一样。不过是否使用这种设计，也在于用户自己的喜好和对 Web 页面的访问者喜好的考虑，因为有些人喜欢这种技术，有些人却并不喜欢。

（3）动画。有些软件程序能将用户的 GIF 文件组合成一个巨大的翻页文件，使用这种功能，用户可以不通过其他插件的帮助，就能在页面上制作动画。但这样做的文件会很大。

3.PNG 格式

PNG（Portable Network Graphic）格式是作为 GIF 格式的一种替换物被引入的。这种可移植的网络图像文件格式集中了前两种图像文件格式的优点。PNG 能进行无损压缩，并且拥有上百万种颜色。PNG 格式具有的隔行扫描特性，在运行时比 JPEG 和 GIF 都快，同时它还提供对"透明度"的支持，在性能上比 JPEG 和 GIF 都要优越。

4.BMP 格式

BMP 是 Windows 中的标准图像文件格式，已成为 PC Windows 系统中事实上的工业标准，有压缩和不压缩两种形式。BMP 以独立于设备的方法描述位图，可以有黑白 16 色、256 色和真彩色几种形式，能够被多种 Windows 应用程序所支持。

5.TIF 格式

TIF 由 Aldus 和微软联合开发，最早是为了存储扫描仪图像而设计的，因而它现在也是广泛使用的图像文件格式，在 Macintosh 和 PC 上移植 TIF 格式的图像文件也十分便捷。该格式支持的颜色深度最高可达 24 位，因此存储质量高，细微层次的信息多，有利于原稿的复制。该格式有压缩和非压缩两种形式，其中压缩采用的是 LZW 无损压缩方案。但 TIF 格式包罗万象，结构较为复杂，变体很多，兼容性较差，它需要大量的编程工作来全面译码。因此，有些软件有时能识别 TIF 文件，有时就不能识别。

6.WMF 格式

WMF 是 Windows 中常见的一种图元文件格式，它具有文件短小和图案造型化的特点，整个图形由各个独立的组成部分拼接而成，但其图形往往较粗糙。

7.EPS格式

EPS是用PostScript语言描述的一种ASCII文件格式，既可以存储矢量图，也可以存储位图，最高能表示32位颜色深度，特别适合PostScript打印机。该格式分为PostScript即EPS格式和标准EPS格式，其中标准EPS格式又可分为矢量格式和位图格式。EPS一般包含两部分，第一部分是屏幕的低解析度影像，方便处理时的预览和定位；第二部分包含各个分色的单独资料。

8.DXF格式

DXF是AutoCAD中的矢量文件格式，它以ASCII方式存储文件，在表现图形的大小方面十分精确。DXF文件可以被许多软件调用或输出。

2.4 小 结

本章主要讲解了新建和保存Flash文件的方法，讲解了针对Flash对象的操作方法，如选择、移动对象等。通过本章的学习，读者应重点掌握新建和保存Flash文件的方法及对象操作；了解位图和矢量图的相关概念。

2.5 练 习

概念题

(1) 位图　　　矢量图　　　分辨率　　　颜色模式
(2) PNG　　　TIFF　　　JPEG　　　BMP

填空题

(1) 使用_____面板可以还原之前的操作。
(2) 移动和选择物体的工具是_____。

问答题

复制目标物体可以使用哪几种方法？

上机练习

(1) 使用模板功能新建Flash文件。
(2) 调整Flash的工作界面和视图大小。

第3章 绘制图形

通过本章，你应当：

（1）掌握工具箱中的选择工具、部分选取工具、线条工具、钢笔工具、椭圆工具、矩形工具、铅笔工具和任意变形工具等的使用方法。

（2）了解时间轴面板在绘图时的作用。

（3）学会变形面板、对齐面板和信息面板的使用方法。

Flash 提供的绘图工具拥有非常强大的功能，使用这些绘图工具可以绘制出各种形状。拥有美术基础的人可以使用手绘板在 Flash 工作区中进行绘制工作，也可以使用鼠标配合 Flash 提供的绘图工具完成各种图形的绘制。图 3-0-1 所示为使用鼠标配合 Flash 提供的绘图工具绘制的一些简单形状。

图 3-0-1

3.1 绘制线条

绘制线条是 Flash 绘图的基础，只有掌握了线条的绘制、编辑，才能使用 Flash 自如地绘制出各种图形。

3.1.1　使用线条工具

（1）选择工具箱中的线条工具。

（2）如图 3-1-1 所示，单击属性面板的笔触颜色按钮，在弹出的菜单中选择笔触颜色。

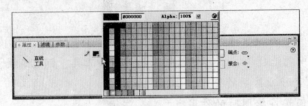

图 3-1-1

注：笔触色即所绘制的线条（或形状外边框）的颜色。

（3）如图 3-1-2 所示，在属性面板的笔触高度栏中，输入笔触的高度值，即设置线条的粗细。

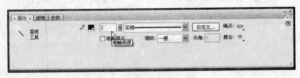

图 3-1-2

（4）如图 3-1-3 所示，单击属性面板的笔触样式栏，在弹出的菜单中选择笔触样式，本例选择实线。

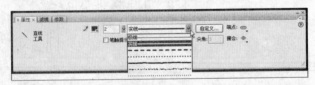

图 3-1-3

注：笔触样式即画出的线条样式，例如虚线。

当选择实线或极细笔触样式时，端点和接合点处于可设置状态，这时可以设置端点的样式和接合点样式。

（5）如图 3-1-4 所示，单击属性面板的端点按钮，在弹出的菜单中选择"圆角"。

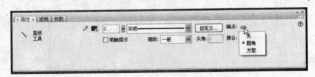

图 3-1-4

注：因为本例仅是绘制一条直线，不出现线线相交的情况，所以不用设置接合点样式。

接合点样式的设置与端点设置的方法类似，这里不再赘述。

（6）将鼠标指针移至舞台，鼠标指针变为十字形状。

（7）如图 3-1-5 所示，在直线起点的位置按住鼠标左键拖动。在直线终点位置释放鼠标左键，完成直线绘制。

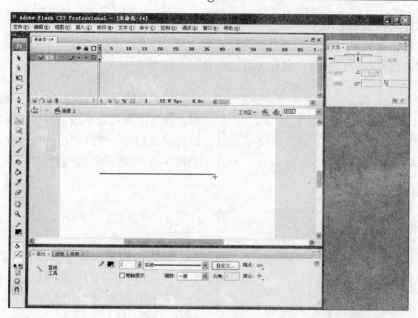

图 3-1-5

注：在绘制直线时，按住 Shift 键可以画出和舞台成 45 度角倍数的直线。

3.1.2　使用铅笔工具

用铅笔工具绘制线条的操作步骤如下：

（1）选择工具箱中的铅笔工具。

（2）在属性面板中设置铅笔工具的笔触颜色和笔触高度。

（3）如图 3-1-6 所示，单击工具箱下部的"铅笔模式"按钮，在打开的铅笔模式菜单中选择目标模式。

图 3-1-6

（4）移动鼠标指针至舞台，按住鼠标左键拖动，沿鼠标移动的路径产生线条。

注：在使用铅笔工具绘制曲线时，如果对当前绘制的曲线不满意，可以按"Ctrl+Z"组合键撤销当前操作，然后再重新绘制，直到得到满意的线条为止。

在绘制时按住 Shift 键，则无论选项栏中选项是什么，所画线均为直线。

图 3-1-5 中所示的各项铅笔模式含义如下：

直线化：绘制的曲线相邻节点间以直线段连接。

平滑：绘制的曲线相邻两个节点间以平滑的弧线连接。

墨水：绘制曲线反映了鼠标经过的路线，节点的连接根据鼠标的运动路线可以是直线也可以是弧线。

3.1.3　使用钢笔工具

钢笔工具可以精确控制所绘线条的弧度和节点位置。使用钢笔工具绘制线条的操作如下：

（1）选择工具箱中的钢笔工具。

（2）在属性面板中设置笔触颜色和笔触高度。

（3）移动鼠标指针到舞台，鼠标光标会变为一个钢笔头形状。

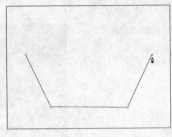

图3-1-7

（4）在线条起点位置单击，确定线条的起点。在下个节点处单击，相邻的两个节点自动以直线段相连，继续单击其他位置，连成一组如图3-1-7所示的直线段。

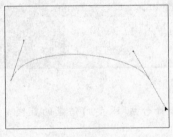

图3-1-8

在线条的起点位置按住鼠标左键拖动鼠标，可以拖出方向线，释放鼠标。在下一个节点位置按住鼠标拖动出方向线，可以绘制出曲线，如图3-1-8所示。

注：曲线是沿方向线相切的方向绘制的。通过方向线的长度可以控制曲线的弧度；通过方向线的角度可以控制曲线扭曲的方向。

3.2 绘制几何形状

绘制几何形状时，需要先设置填充色为无。这样绘制出的几何体内就不会有任何填充色。设置方法如下：

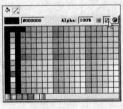

图3-2-1

如图3-2-1所示，单击工具箱的填充色按钮，在弹出的颜色样本中单击"没有颜色"按钮☑，选择"没有颜色"。

3.2.1 使用矩形工具

1.绘制矩形

图3-2-2

（1）如图3-2-2所示，单击矩形工具组图标，在打开的菜单中选择矩形工具。

（2）在属性面板中设置笔触颜色、笔触高度和笔触样式。

（3）移动鼠标指针到舞台，鼠标指针变为十字状。在矩形的一个角点位置按住鼠标左键拖动至矩形的对角点。

（4）释放鼠标左键，完成绘制。

2. 绘制圆角矩形

（1）选择矩形工具。

（2）如图 3-2-3 所示，在属性面板中设置边角半径的值。如果为 0，则为直角；其他值则为圆角。

图 3-2-3

（3）按照绘制矩形的方法绘制圆角矩形。

3.2.2 使用椭圆工具

1. 绘制椭圆

（1）单击工具箱的矩形工具组图标，在打开的菜单中选择椭圆工具。

（2）在属性面板中设置笔触颜色、笔触高度和笔触样式。

（3）移动鼠标指针到舞台中，鼠标指针变为十字状。在椭圆外切矩形的角点位置按住鼠标左键拖动至椭圆的外切矩形的对角点。

（4）释放鼠标左键，完成绘制。

注：在绘制时按住 Shift 键拖动鼠标，可以绘制出正圆形。

2. 绘制扇形

（1）选择椭圆工具。

（2）如图 3-2-4 所示，在属性面板中设置起始角度和结束角度的值。

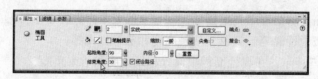

图 3-2-4

（3）使用绘制椭圆工具的方法，绘制一个扇形。

3.2.3 使用基本矩形工具

建立圆角矩形还可以使用基本矩形工具。具体方法如下：

（1）单击工具箱中的矩形工具组图标，在打开的菜单中选择基本矩形工具。

（2）在属性面板中设置笔触颜色、笔触高度和笔触样式等项。

（3）如图3-2-5所示，在属性面板中设置矩形的边角半径的值。

图3-2-5

注：边角半径设为负值时，建立边角内凹的矩形；当边角半径设为正值时，建立边角外凸的矩形。

（4）移动鼠标指针到舞台，绘制出一个矩形，结果如图3-2-6所示。

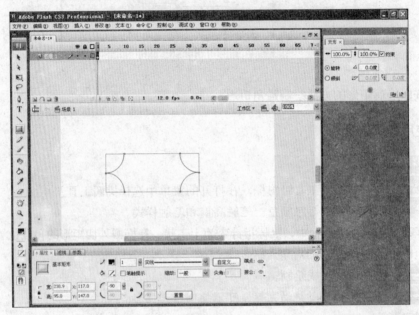

图3-2-6

3.2.4 使用基本椭圆工具

（1）单击工具箱中的矩形工具组图标，在打开的菜单中选择基本椭圆工具。

（2）在属性面板中设置笔触颜色、笔触高度和笔触样式等。

（3）如图3-2-7所示，在属性面板中设置起始角度和结束角度。

图3-2-7

注：起始角度即绘制椭圆时，开始绘制的角度。结束角度，即沿顺时针方向，椭圆半径旋转的角度值。

（4）移动鼠标指针到舞台中，绘制出一个扇形。

3.2.5　使用多角星形工具

使用多角星形工具，可以绘制多边形。绘制多边形的方法如下：

（1）单击矩形工具图标，在打开的菜单中选择多角星形工具。

（2）在属性面板中设置笔触颜色、笔触高度和笔触样式等。

（3）单击属性面板的选项按钮，弹出图 3-2-8 所示的"工具设置"对话框。

图 3-2-8

（4）如图 3-2-9 所示，单击样式栏，在弹出的菜单中可以选择建立多边形的样式，有多边形和星形两种选择。

图 3-2-9

（5）在边数栏中输入多边形的边数。

（6）移动鼠标指针到舞台，按住鼠标左键拖动可以绘制出正多边形或星形。

注：多边形"工具设置"对话框中的"星形顶点大小"可设定起点的大小，范围从 0 到 1。

3.3　编 辑 线 条

Flash 中对线条和形状的细节调整就是对线段的调整，如将直线调整为曲线、改变线条样式等。在对形状整体进行编辑时，使用信息面板、对齐面板、变形面板等可获得更复杂的图形。

3.3.1　使用选择工具编辑线条

1.调整线条弧度

（1）绘制一条直线。

（2）选择工具箱中的选择工具，移动鼠标指针至直线的边缘，出现如图 3-3-1 所示的图标。

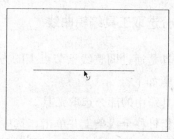

图 3-3-1

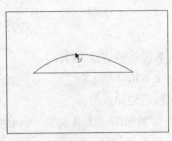

图 3-3-2

（3）按住鼠标左键拖动鼠标可改变直线弧度，如图 3-3-2 所示。

（4）释放鼠标左键完成弧度调整。

2. 拆分直线

（1）绘制一条直线。

（2）单击工具箱中的选择工具。

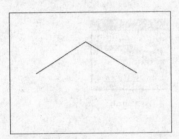

图 3-3-3

（3）将鼠标指针移至直线上，当出现弧形光标时，按住 Ctrl（或 Alt）键拖动鼠标，会出现如图 3-3-3 所示的拆分直线结果。

3.3.2　使用钢笔工具编辑线条

使用钢笔工具可以通过增加或减少曲线的节点来调整曲线的形状，其操作步骤如下：

（1）单击工具箱中的钢笔工具。

（2）将鼠标指针移至需要编辑的形状并单击鼠标左键，选中目标曲线。选中的曲线以节点编辑方式显示。

（3）将鼠标指针移至曲线上的节点处，当钢笔工具图标上出现一个小箭头时单击，使该节点两边的曲线变为直线，再次单击会删除该节点。

将鼠标指针移至曲线上的非节点处，钢笔工具图标上会出现一个小的"+"号，单击即可添加节点。

按住 Ctrl 键会使钢笔工具变为部分选取工具。

3.3.3　使用部分选取工具编辑曲线

部分选取工具是通过调整线条节点上的方向线来改变曲线形状的。使用部分选取工具调整曲线的操作步骤如下：

（1）单击工具箱中的部分选取工具。

（2）将鼠标指针移至线条上并单击，选中目标线条。

（3）将鼠标指针移至节点上并按住鼠标左键可以拖动节点。

单击节点会使当前的目标节点的方向线显示出来，将鼠标指针移至方向线的顶点处按住鼠标左键拖动，可改变方向线的长短和方向，从而改变线条的弧度和曲线的扭曲方向。

注：节点没有方向线时，可以将鼠标指针移至节点并按住 Alt 键拖动，拉出方向线。

3.3.4 使用属性面板设置线条样式

绘制线条后，可以通过属性面板设定线条的样式，其操作步骤如下：

（1）选择目标线条。

（2）如图 3-3-4 所示，在属性面板中显示了当前选中线条的各项属性。在属性面板中重新设置这些属性值即可。

图 3-3-4

3.3.5 使用网格和辅助线

1. 使用网格

（1）单击"视图→网格→显示网格"命令，舞台界面如图 3-3-5 所示。

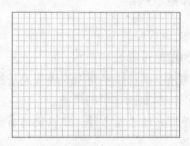

图 3-3-5

（2）单击"视图→贴紧→贴紧至网格"命令，之后绘制的线条端点会自动与网格的交叉点对齐。

2. 使用辅助线

（1）单击"视图→标尺"命令，在绘图界面中显示标尺，如图 3-3-6 所示。

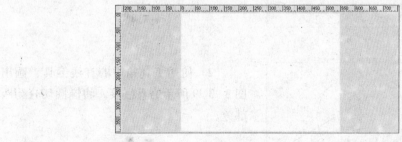

图 3-3-6

（2）移动鼠标指针到标尺处，按住鼠标左键向舞台中拖动，建立辅助线。

(3) 单击"视图→贴紧→贴紧至辅助线"命令,当直线或曲线的节点接近辅助线时,节点会自动附在辅助线上,这时,将以一个小的空心圆显示,如图3-3-7所示。

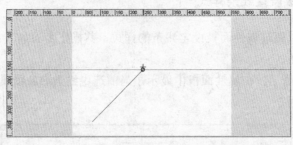

图3-3-7

执行"视图→辅助线→锁定辅助线"命令,可锁定辅助线以防止其被误删或移动。

删除辅助线时应先解除辅助线的锁定状态(再次执行"视图→辅助线→锁定辅助线"命令可以解除锁定状态)。单击工具箱的选择工具,移动鼠标指针至辅助线,然后按住鼠标左键将辅助线拖回标尺处,完成删除。

3.3.6 删除和截取线条

1. 删除线条

删除线条的操作步骤如下:

(1) 使用选择工具选择要删除的线条或是框选线条的某一部分。

(2) 按Delete键删除选中的线条。

注:当线条形状过于复杂时,可以使用套索工具框选出某一范围内的线段。

2. 截取线条

以实例说明截取线条的操作步骤如下:

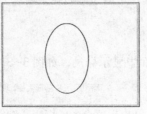

图3-3-8

(1) 使用椭圆工具,在舞台中画一个椭圆,如图3-3-8所示。

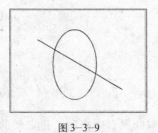

图3-3-9

(2) 使用工具箱中的直线工具,画出如图3-3-9所示的直线段,将椭圆切分为两个部分。

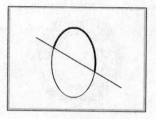

（3）使用工具箱中的选择工具，单击椭圆的上半部分，这时只会选中椭圆的上半部分，如图 3-3-10 所示。

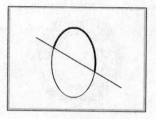

图 3-3-10

（4）使用选择工具将椭圆上半部分移开，结果如图 3-3-11 所示。

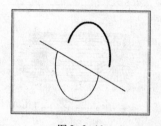

图 3-3-11

3.4　编　辑　形　状

形状的细节调整，如边线等，可以参照本书 3.3 节的内容。本节重点讲解对图形整体的编辑操作。

3.4.1　使用变形面板

使用变形面板可以对目标对象进行旋转、变形和复制变形等操作。

例：使用变形面板编辑复杂形状。

（1）选择工具箱中的矩形工具。单击图 3-4-1 所示的颜色栏中的"没有颜色"按钮，然后在舞台中画出一个矩形。

图 3-4-1

（2）使用选择工具选择完整的矩形，执行"修改→组合"命令。

（3）执行"窗口→变形"命令，打开图 3-4-2 所示的变形面板。

——复制并应用变形按钮

图 3-4-2

（4）在变形面板的"旋转"文本框中输入矩形的旋转角度为 10.0 度。

（5）连续单击变形面板中的"复制并应用变形"按钮，进行连续的复制变形，中间过程如图 3-4-3 所示。

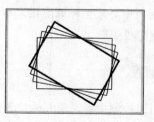

图 3-4-3

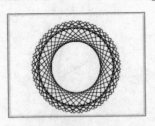

图 3-4-4

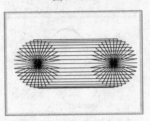

图 3-4-5

结果如图 3-4-4 所示。

在变形面板中还可以设定倾斜的方向和角度，单击"倾斜"选项，并在相应的"倾斜"文本框中输入倾斜角度，按 Enter 键，完成倾斜。

试着使用变形面板的"倾斜"和"复制并应用变形"功能作出如图 3-4-5 所示的形状。

注：先画出一个矩形，再应用"倾斜"和"复制并应用变形"功能。

3.4.2　使用信息面板

通过信息面板可以查看当前被选中对象的长、宽及其在舞台上的坐标位置等信息。使用信息面板可以调整对象的长、宽及舞台位置。

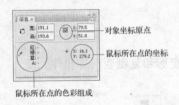

图 3-4-6

执行"窗口→信息"命令，打开图 3-4-6 所示的信息面板。

信息面板分为上下两个部分：

上面部分显示了当前对象的宽和高及所处舞台中的坐标。Flash 中坐标的原点为舞台的左上角。信息面板中显示对象的坐标原点由 9 个小方块组成的四方形表示，用来确定当前对象的原点（即变形和移动参照点）。有两个选项：左顶点和中心，可使用鼠标单击进行选择。

下半部分显示当前鼠标所在点的色彩组成比与鼠标所在点的坐标。

例：使用信息面板编辑对象。

（1）使用工具箱中的选择工具，选择目标图形。

（2）打开信息面板，在信息面板的宽和高栏中输入目标值。

（3）单击信息面板中对象坐标原点设定框的中心点，设置对象变形为中心对齐。

（4）按 Enter 键完成变形。

3.4.3　使用对齐面板

使用对齐面板可以控制排列对象间的位置、间距等。在第 1 章中已经介绍了对齐面板，本节通过实例进一步讲解对齐面板的使用。操作步骤如下：

（1）使用3.4.1节中讲解的方法制作图3-4-7所示单个图形。使用选择工具选择该图形，按"Ctrl+G"组合键组合该图形。按住Alt键，使用选择工具复制移动图案，按照如图3-4-7所示排放。

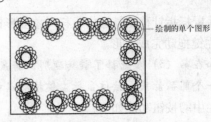

绘制的单个图形

图 3-4-7

（2）单击"窗口→对齐"命令，打开对齐面板。

（3）使用选择工具以4条边为准，分别框选处于每一边的图案，执行对齐面板中的相应对齐命令。例如先框选左边框的4个花纹则执行左对齐命令，以此类推。结果如图3-4-8所示。

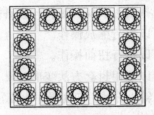

图 3-4-8

3.4.4 使用时间轴面板

时间轴面板是非常重要的工具，它提供了图层、帧等方面的操作。在绘图中主要使用时间轴面板普通图层功能。

注：图层可以看成是透明胶片，透过上一层的空白区域可以看见下一层的内容。使用这一功能可以把一个综合图形拆分成不同部分，分别在不同的图层上绘制，再通过调整不同图层上的图形位置完成综合图形的绘制。

图3-4-9所示为时间轴面板。使用时间轴面板可以执行添加图层、锁定图层、隐藏图层和显示当前形状轮廓等操作（时间轴中的编辑帧和一些特殊图层的建立方法请参见第7章和第8章内容）。

"新建图层"按钮

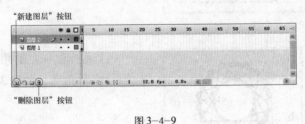

"删除图层"按钮

图 3-4-9

3.4.5 使用任意变形工具

任意变形工具可以对形状进行任意的缩放变形等操作。任意变形工具编辑形状的操作步骤如下：

（1）单击工具箱中的任意变形工具。

（2）框选需要变形的目标对象。

（3）框选对象后，工具箱中的选项栏处于可选状态，如图3-4-10所示，单击所需的变形选项按钮。

贴紧至对象

旋转与倾斜

扭曲

缩放

封套

图 3-4-10

（4）将鼠标指针移至舞台中目标对象变形框的节点处，当鼠标变为相应操作提示符号时，按住鼠标左键拖动完成变形。

注：如在第（3）步选择了旋转变形，将鼠标指针指向矩形变形框的左上角节点时，鼠标指针会呈一个圆弧箭头，按住鼠标左键拖动以旋转对象，释放鼠标左键即可完成对象的旋转。

选项栏中的按钮功能如下：

贴紧至对象：可以自动与相邻线连接。

旋转与倾斜：选择后可以执行旋转与倾斜操作。

缩放：选择后可以执行缩放操作。

扭曲：选择后可以执行扭曲操作。

封套：选择后可以使用封套方法变形对象。

变形操作中的倾斜、旋转、扭曲操作比较好理解。封套操作是通过改变变形框的方向线来达到使对象变形的目的。

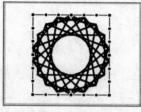

图 3-4-11

例：封套变形对象。

（1）使用工具箱中的任意变形工具，框选目标对象后，在工具箱的选项栏中单击"封套"按钮，此时对象被封套变形框所包围，如图 3-4-11 所示。

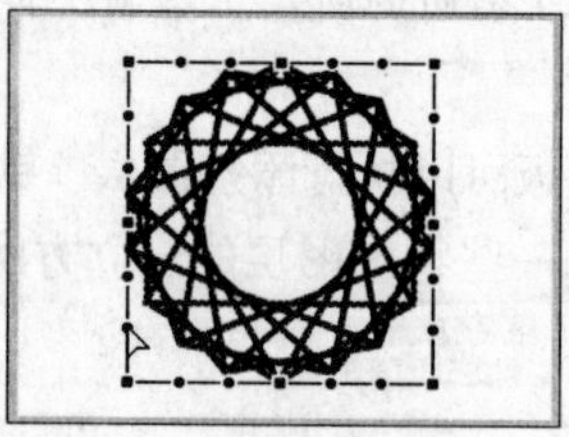

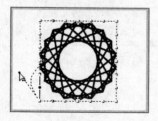

图 3-4-12

（2）将鼠标指针移至变形的方向线曲柄处，鼠标指针变为如图 3-4-12 所示的状态。

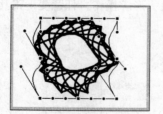

图 3-4-13

（3）按住鼠标左键并拖动鼠标以改变方向线的长度和角度，如图 3-4-13 所示。

图 3-4-14

（4）依次调整另几个方向线节点，如图 3-4-14 所示。

调整结果如图 3-4-15 所示。

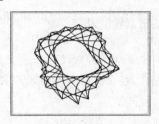

图 3-4-15

注：当鼠标指针移至非变形线的曲柄点时，可以直接拖动变形点来改变变形框的外形。方向线的曲柄点为圆点表示，变形点呈方形。

执行旋转和缩放变形操作时，在变形框中心的圆形即是变形点，将鼠标指针移至变形点并按住鼠标左键拖动可以改变变形点的位置。旋转和缩放变形是以变形点为对称中心进行的。

3.5 对 象 绘 制

使用 Flash 绘制图形时，有两种状态，即图形绘制和对象绘制。对象绘制功能与图形绘制类似，只是对象绘制的形状为一独立的整体，并且不会对其他对象和形状产生影响。

绘制对象时只需单击目标绘制工具，然后按下工具箱选项栏中的对象绘制按钮，如图3-5-1 所示。

图 3-5-1

按下对象绘制按钮后，绘制的对象为一个独立的整体，例如在对象绘制状态下绘制两个相交的圆形，结果如图 3-5-2 所示。

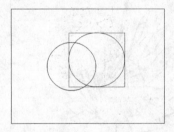

图 3-5-2

移动其中一个圆形不会影响另一个圆形。

取消对象绘制模式，绘制两个相交的圆形，移动某个圆形时，会发现两个圆形相交处是彼此影响的，如图 3-5-3 所示。

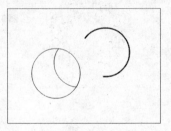

图 3-5-3

3.6 小 结

本章主要讲述了 Flash 中绘图工具的使用方法。通过本章的学习，读者应熟练掌握使用选择工具、钢笔工具等绘制线条和编辑线条的方法。同时应该掌握对齐面板、变形面板、信息面板及任意变形工具编辑形状的功能。

3.7 练 习

填空题

（1）绘制图形经常用到的工具有＿＿＿、＿＿＿、＿＿＿、＿＿＿、＿＿＿、＿＿＿。

（2）除绘图工具外，我们还可以用＿＿＿、＿＿＿、＿＿＿面板绘制图形。

（3）调整曲线的工具有＿＿＿、＿＿＿。

问答题

（1）简述精确定位绘制曲线端点的方法。

（2）简述精确定位形状在舞台中位置的方法。

上机练习

使用变形面板和工具箱中的自由变形工具绘制如图 3-7-1 所示的图形。

图 3-7-1

第4章 设置颜色

通过本章，你应当：

(1) 学会选择颜色的方法。

(2) 掌握Flash提供的各种颜色填充工具。

(3) 创建和编辑渐变色。

在 Flash 中，为图形填充色彩可以产生相当好的效果，如图 4-0-1 所示为填充颜色后获得的效果。

图 4-0-1

Flash 中的色彩填充工具有墨水瓶工具、颜料桶工具、刷子工具、渐变变形工具、颜色面板和样本面板。这些色彩填充工具简洁实用，同时提供了多种选择颜色的方法。

4.1 样 本 面 板

Flash 默认的样本面板为 Web 216 色样本面板。用户可以直接在样本面板中选择目标颜色作为填充色或笔触颜色。

使用样本面板可以执行添加、删除、排序颜色样本等操作。

4.1.1　使用样本面板设置笔触颜色和填充颜色

笔触颜色：形状轮廓线的颜色。

填充颜色：用来填充形状内部的颜色。

在矢量图中轮廓和填充色是各自独立的，有着明确的界线。为轮廓填充颜色时，轮廓必须是封闭的。填充结束后可以将轮廓线删除而不会影响填充颜色。

使用样本面板设置笔触颜色和填充颜色的方法如下：

（1）先单击工具箱中的"笔触颜色"按钮或"填充颜色"按钮。

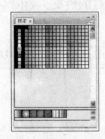

（2）执行"窗口→样本"命令，打开图4-1-1所示的样本面板。

图4-1-1

（3）移动鼠标指针到样本面板中的目标颜色块，然后单击鼠标，完成颜色设置。

注：样本面板中的渐变色不能赋予笔触颜色。

4.1.2　管理样本面板中的色样

1.添加和替换颜色

（1）执行"窗口→样本"命令，打开样本面板。

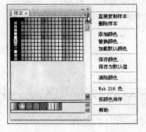

（2）如图4-1-2所示，单击样本面板右上角的按钮，在弹出的菜单中选择"添加颜色"，打开"导入色样"对话框。

图4-1-2

注：Flash可以导入3类文件的颜色样本。

①Flash文件之间可以用颜色设置表（*.clr文件）相互导入导出RGB颜色和渐变色。

②Flash可以从Photoshop和Fireworks等图像处理软件生成的颜色表（*.act）文件中导入RGB颜色。

③Flash可以从GIF文件中直接将颜色导入到"样本"面板。

（3）如图 4-1-3 所示，在打开的"导入色样"对话框中选择颜色来源文件。

（4）选择目标颜色样本文件后，单击"打开"按钮完成添加颜色样本操作。

注：如果在步骤（2）中从弹出的菜单中选择"替换颜色"命令而不是"添加颜色"命令，所得的结果是用导入的色样替换掉样本面板中原有的色样。

图 4-1-3

2．在样本面板中复制颜色

（1）单击样本面板中需要复制的颜色。

（2）单击面板右上角的按钮，在打开的菜单中选择"直接复制样本"，复制的颜色样本自动添加到颜色面板的空白处。

3．从样本面板中删除颜色

（1）单击样本面板中需要删除的颜色。

（2）单击面板右上角的按钮，在打开的菜单中选择"删除样本"，可以删除所选择的颜色。

注：当需要删除黑色和白色以外的所有颜色时，可以单击面板右上角的按钮，在打开的菜单中选择"清除颜色"。

4．加载默认颜色样本

Flash 程序默认的颜色样本是 Web 216 色。当用户在样本面板中修改或删除了默认的颜色样本后，可以通过以下操作来恢复默认的样本颜色。

（1）执行"窗口→样本"命令，打开样本面板。

（2）单击样本面板右上角的按钮，在打开的菜单中选择"Web 216 色"，将 Web 216 色加载到样本面板中。

5．保存颜色样本

保存颜色样本的操作步骤如下：

（1）执行"窗口→样本"命令，打开样本面板。

（2）单击样本面板右上角的按钮，在打开的菜单中选择"保存颜色"，打开图 4-1-4 所示的"导出色样"对话框。

（3）在"文件名"栏中输入颜色样本的名称，在"保存类型"栏中选择文件格式。单击"保存"按钮，将当前色样以文件形式保存。

当需要该颜色样本时，可以向样本面板中导入该文件。

图 4-1-4

6.设置默认颜色样本

重新定义了样本面板中的颜色样本后，可以将其设为默认颜色样本。每次新建文件时，会自动加载默认颜色样本。设置默认颜色样本的操作步骤如下：

（1）执行"窗口→样本"命令，打开样本面板。

（2）按照前面介绍的方法在样本面板中建立所需颜色样本。

（3）单击面板右上角的按钮，在打开的菜单中选择"保存为默认值"，打开图4-1-5所示的提示框。

图4-1-5

（4）单击"是"按钮，将当前的颜色样本保存为系统的默认设置。

以后只需单击面板右上角的按钮，从弹出的菜单中选择"加载默认设置"命令，即可载入该样本面板设置。

7.排序样本面板中的颜色

单击面板右上角的按钮，在打开的菜单中选择"按颜色排序"，可排序样本面板中的颜色。

4.2 颜色面板

4.2.1 使用颜色面板

使用颜色面板为笔触色和填充色赋色的操作步骤如下：

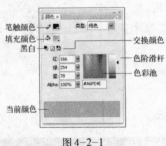

笔触颜色
填充颜色
黑白
交换颜色
色阶滑杆
色彩池
当前颜色

图4-2-1

（1）执行"窗口→颜色"命令，打开图4-2-1所示的颜色面板。

（2）在颜色面板中单击"笔触颜色"或"填充颜色"按钮。

（3）在颜色面板中调节出目标色彩，完成笔触颜色或填充颜色的设定。

4.2.2 颜色面板中的色彩选择

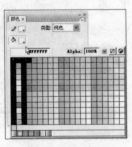

图4-2-2

1.使用颜色样本选择颜色

（1）如图4-2-2所示，单击颜色面板中的笔触颜色或填充颜色按钮的含有下拉箭头的颜色块，会打开样本面板。

（2）在打开的样本面板中单击目标颜色，完成颜色设定。

2.使用颜色对话框选择颜色

当颜色面板提供的颜色样本无法满足绘图需求时，可以使用"颜色"对话框选择颜色。

如图4-2-3所示，单击样本面板右上角的球形按钮，弹出图4-2-4所示的"颜色"对话框。

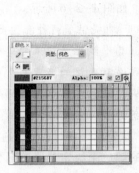

图4-2-3　　　　　　　　　　　　　　图4-2-4

在"颜色"对话框中提供了基本颜色，色彩池右侧为色阶调节滑杆。选择色彩时，可以选择与需要相近的基本颜色，然后通过色阶滑杆调整颜色获得所需色彩。

也可以在"颜色"对话框右下角色彩显示模式中的"色调"、"饱和度"、"亮度"或"红"、"绿"、"蓝"框中输入数值，设定所需颜色。

还可以将鼠标指针移至色彩池中单击，单击处的色彩即被设为当前颜色。

单击"添加到自定义颜色"按钮可将当前颜色保存到自定义颜色中，以备下次使用。

单击"确定"按钮，完成在"颜色"对话框中的色彩设定。

3.在颜色面板中直接选择颜色

在颜色面板中直接选择颜色的操作步骤如下：

（1）单击红、绿、蓝或Alpha通道的菜单按钮，会弹出一个图4-2-5所示的调节滑杆。

图4-2-5

（2）移动鼠标指针到滑杆上的滑标，按住鼠标左键拖动鼠标，可以改变当前色彩的值来设定颜色（也可以直接在输入框中输入色彩值完成颜色指定）。

还可以从颜色面板右下角的正方形色彩池中用鼠标单击欲选取的色彩，然后调节右侧的色阶滑杆完成色彩选择。

注：创建黑、白色以外的颜色时不要把"色阶滑杆"设置在两端（0%或100%）处，否则无法创建颜色。

Alpha是设定色彩不透明度的，0为完全透明，100为完全不透明。

4.2.3 使用颜色面板编辑渐变色

渐变色是在一个区域中由一种颜色向另一种颜色逐渐过渡的混合色。在 Flash 中可以使用颜色面板创建和编辑各种渐变色，操作步骤如下：

图 4-2-6

（1）单击"类型"栏，在弹出的菜单中选择线性，如图 4-2-6 所示。

注：Flash 提供了两种渐变类型——线性和放射状。其中线性是用来创建从起始点到终点沿直线逐渐变化的渐变色；而放射状是用来创建从起始点到终点按照环形向四周逐渐变化的渐变色。这里以"线性"类型为例。

图 4-2-7

（2）创建渐变色时，可以通过设置各个渐变指针的颜色来决定最终的渐变色。单击左侧的渐变指针，此时渐变指针的顶部三角处变为深色，表明已经选中了该指针，然后设定渐变指针颜色，如图 4-2-7 所示。

图 4-2-8

（3）将鼠标指针移至渐变色设定轴，如图 4-2-8 所示，当鼠标指针上出现一个"+"号时单击，可以在该处增加一个渐变指针，新增渐变指针自动变为当前指针。设定当前指针颜色。

注：按住 Ctrl 键单击渐变指针可以删除渐变指针。

（4）单击最右侧的渐变指针，设定该指针的颜色。渐变色设定完成。

渐变色设定完成后，可以使用颜料桶等填色工具应用渐变色。

4.2.4 使用颜色面板设置位图填充

用颜色面板设置位图填充的操作步骤如下：

图 4-2-9

（1）如图 4-2-9 所示，单击颜色面板的类型栏，在弹出的菜单中选择"位图"，打开"导入到库"对话框。

（2）如图4-2-10所示，在"导入到库"对话框中选择所需位图后，单击"打开"按钮，将位图导入。

注：可按住Ctrl键选择多个位图。填充位图被存在库中。可以打开库面板进行选取或删除等操作。

图4-2-10

（3）选择位图后的颜色面板，如图4-2-11所示。

图4-2-11

（4）在位图填充框中选择所需位图，使用颜料桶对形状进行填充。

当需要在位图填充模式下追加位图时，可以单击图4-2-11中所示的颜色面板的"导入"按钮，在打开的"导入到库"对话框中导入更多的位图。

4.3 颜色的应用和调整

4.3.1 笔触颜色

1.设定绘制线条所采用的颜色

线条工具、钢笔工具、铅笔工具、椭圆工具、矩形工具和多边形工具绘制出的线条都自动采用当前笔触颜色。

使用这些工具绘制线条时，可以先设置笔触颜色再进行绘制。

2.调整线条的颜色

调整线条颜色的操作步骤如下：

（1）使用选择工具或套索工具选择需要改变颜色的线条或线条的一部分。

（2）调整笔触颜色，被选中的线条颜色会随着笔触色的改变而改变。

3.使用墨水瓶工具改变线条颜色和样式

Flash的墨水瓶工具可用来修改线条或者某个对象形状轮廓的颜色、粗细和样式。

使用墨水瓶工具的具体操作步骤如下：

（1）选择工具面板中的墨水瓶工具。

（2）执行"窗口→属性"命令，打开图4-3-1所示的属性面板。

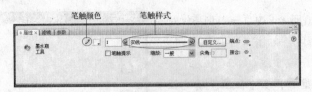

笔触颜色　　　　笔触样式

图 4-3-1

（3）在属性面板中单击"笔触颜色"按钮，从弹出的"颜色样本"框中选择笔触颜色。在"笔触高度"文本框中输入笔触线的宽度值。

"笔触样式"选项仍使用默认的"实线"样式。或根据实际需要选择其他笔触样式。

（4）将鼠标指针移至所需填充的线条上（或者图形的外边框附近），单击鼠标完成线条颜色及样式的修改。

4.3.2　填充颜色

1.填充颜色的应用

椭圆、矩形和多边形工具可选择"填充"和"没有颜色"两种模式（单击工具箱的颜色栏中的"没有颜色"按钮可以切换这两种状态）。

填充模式下绘制的形状会以当前"笔触色"进行描边，以当前"填充色"进行填充。

"没有颜色"模式只以当前"笔触颜色"进行线条绘制。

2.刷子工具

刷子工具填充设置的操作步骤如下：

（1）执行"窗口→样本"命令，打开样本面板。

（2）单击样本面板中左下角的直线渐变填充色的七彩渐变色。

（3）单击工具箱中的刷子工具。

（4）在工具箱的选项栏中设置画笔的填充模式为"标准绘画"模式、画笔直径为"最大"，画笔形状为"方形"。

注：刷子工具可以在画面上绘制出具有一定笔触效果的特殊填充。

图 4-3-2

在选项栏中单击"画笔填充模式"按钮，打开如图 4-3-2 所示的填充模式选择菜单。

⊖标准绘画：画笔经过的地方，线条和填充色全部被画笔填充所覆盖。

◎颜料填充：画笔填充不会覆盖线条，只覆盖没有线条的区域。

◎后面绘画：画笔填充只覆盖没有填充色和线条的地方。

◎颜料选择：画笔只对当前被选择的矢量图起作用。

◎内部绘画：画笔填充色只对每次绘制时鼠标单击的第一点所处的封闭区域起作用。例如使用矩形工具在舞台中画出一个矩形，那么舞台被矩形分割为矩形内部和矩形外部两个封闭区域，当鼠标指针移至矩形外部按下并拖动时，画笔填充色只会对矩形外部描绘填充，这时即使画笔经过了矩形内部区域也不会对矩形内部进行填充。

单击"刷子大小"（或"刷子形状"）设置项，会弹出"刷子尺寸"（或"刷子形状"）选择菜单，从菜单中选择所需设置项完成设定。

（5）根据需要使用刷子绘画。

3.颜料桶工具

颜料桶工具可以使用填充色对闭合区域和不完全闭合区域进行填充。

注：闭合区域可以是没有线条框的色彩填充区，也可以是被线条封闭的区域。不完全闭合区域的不闭合的端点距离不能过大，否则无法完成填充。

使用颜料桶应用填充色的操作步骤如下：

（1）单击工具箱中的颜料桶工具。

（2）设置填充色。

（3）将鼠标指针移至目标区域单击鼠标完成填充操作。

注：填充非闭合区域时需要在工具箱的选项栏中设置颜料桶填充模式。单击颜料桶选项栏中的"颜料桶填充模式"按钮，打开如图4-3-3所示的设置菜单选择所需填充模式。

图4-3-3

4.修改填充区域的填充色

修改填充区域的填充色的操作步骤如下：

（1）使用选择工具或套索工具框选全部或局部的已填充区域。

（2）在颜色面板或样本面板中设置填充色，则新的填充色替换所选区域的填充色。

填充变形工具

填充变形工具只能对渐变色和位图两种填充模式进行调整。在对渐变色和位图的调整中，填充工具的变形框上显示会略有不同。这可通过在实际操作中对比以观察其差别。

使用填充变形工具的操作步骤如下：

（1）单击工具箱中的填充变形工具。

（2）用鼠标在需要调整的目标区域内的填充色上单击。

（3）将鼠标指针移至渐变色调整框控制点，按住鼠标左键，拖动渐变色调整框完成调整。

注：图4-3-4所示为线性渐变色调整设置框，图4-3-5所示为径向渐变色调整设置框。

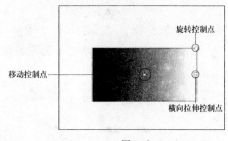

图4-3-4

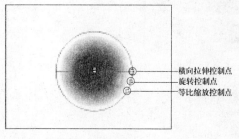

图4-3-5

将鼠标指针移至移动控制点，按住鼠标左键拖动可以改变填充色相对于填充区域的位置。

将鼠标指针移至旋转控制点，按住鼠标左键拖动可以旋转填充色。

将鼠标指针移至横向拉伸控制点，按住鼠标左键拖动可以横向拉伸填充色。

将鼠标指针移至等比缩放控制点，按住鼠标左键拖动可以等比缩放填充色。

4.4 小 结

通过本章的学习，读者应掌握色彩填充的方法，了解笔触色和填充色的差异。在渐变色和位图填充时应熟练运用调整的方法。

4.5 练 习

填空题

（1）选择颜色使用————、————面板。

（2）使用填充色绘图的工具是————。

（3）使用————工具进行渐变和位图填充调整。

问答题

（1）简述向颜色面板中追加填充位图的方法。

（2）简述使用颜色面板选择颜色的方法。

上机练习

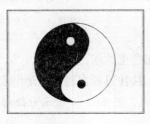

图 4-5-1

使用纯色填充和修改填充色等方法绘制如图 4-5-1 所示的图形。

提示：使用钢笔工具在圆中建立两个独立的区域。

第5章 制 作 文 本

通过本章，你应当：

（1）学会建立文本。

（2）学会设置文本属性。

（3）了解建立静态文本、动态文本和输入文本的过程和用途。

Flash具有文本制作功能，可以制作出各种特效文字，图5-0-1所示为使用Flash制作的特效文字。

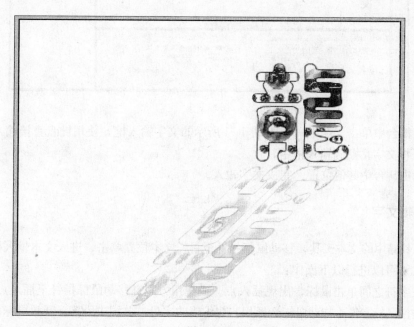

图5-0-1

在Flash中制作文本需要掌握以下内容：

创建文本；

编辑文本；

设置文本属性。

5.1 文 本 工 具

5.1.1 输入文字

输入文字的操作步骤如下：

(1) 选择工具箱中的文本工具，如图 5-1-1 所示。

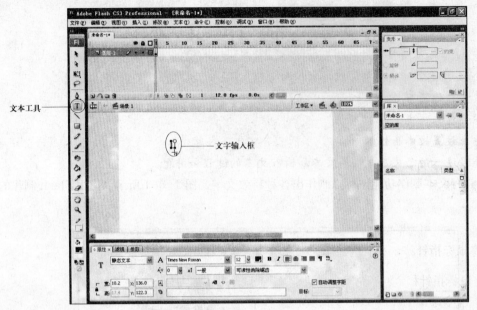

图 5-1-1

(2) 在舞台中单击，产生一个图 5-1-1 所示的文字输入框，使用键盘直接输入文字或者使用粘贴板将文字粘贴到输入框中。

(3) 单击舞台中其他位置，完成文字输入。

5.1.2 编辑文字

单击工具箱中的文本工具，移动鼠标指针至目标文本位置单击，进入文本输入模式。在文本输入模式下可以进行以下操作：

(1) 在字符之间单击鼠标，出现插入点。或使用方向键移动鼠标指针至插入点。

(2) 按住鼠标左键，拖动鼠标选择用户想编辑的字母、单词或段落，释放鼠标，被选文本呈反白显示。用户可以在属性面板中修改所选文本的字体、字号和颜色等。

(3) 按住鼠标左键拖动鼠标选择文本，然后按 Delete 键或 Back Space 键，可以删除所选的文本。

(4) 按住鼠标左键拖动鼠标选择需要复制的文本，然后执行"编辑→复制"命令，复制文本（或执行"编辑→剪切"命令，剪切文本）。

(5) 在需要粘贴文本的地方单击，设置插入点，然后执行"编辑→粘贴到当前位置"命令，将复制或剪切的文本粘贴到当前位置。也可以执行"编辑→粘贴到中心位置"将文本内容粘贴到舞台中心。

5.1.3 输入状态

了解输入状态

Flash 中有两种输入状态：默认输入和固定宽度。

默认输入：如图5-1-2所示，文字输入框的一角用圆形标识。输入框随文字的输入自动延长，需要换行时，按Enter键。

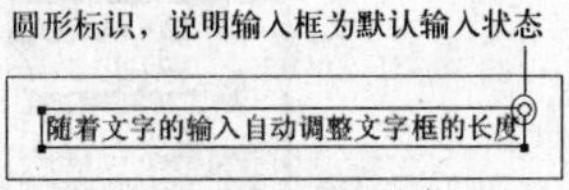

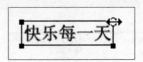

图 5-1-2

固定宽度：如图5-1-3所示，文字框的一角用方形标识。输入框的宽度不会随文字的输入改变，当输入文字达到输入框宽度时会自动换行。

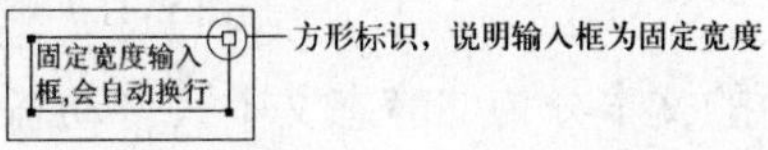

图 5-1-3

注：静态文本（固定宽度）的输入状态标识位于输入框的左上角，动态文本输入状态标识位于输入框的左下角。

改变输入状态

1.默认输入改变为固定宽度。其操作步骤如下：

（1）单击工具箱中的文本工具。

（2）将鼠标指针移至需要调整的文本处单击，该文本的文字输入框激活。

（3）将鼠标指针移至输入框角点圆形标识处，鼠标指针变为一个双向箭头，如图5-1-4所示。

图 5-1-4

（4）按住鼠标左键拖动鼠标，调整输入框的宽度后释放鼠标，默认状态变为固定宽度。

转变为固定宽度后，文字会随输入框的宽度自动换行。调整后的结果如图5-1-5所示。

图 5-1-5

2.固定宽度改变为默认输入。其操作步骤如下：

（1）单击工具箱中的文本工具。

（2）将鼠标指针移至需要调整的文本处单击，该文本的文字输入框激活。

（3）将鼠标指针移至输入框的角点方形标识处，鼠标指针变为一个双向箭头。

（4）双击鼠标左键，固定宽度变为默认输入。

变为默认输入后，文字会自动排为一行。

5.1.4　文本属性设置

选择工具箱中的"文本工具"，属性面板显示了文本工具的各项属性，如图5-1-6所示。

图 5-1-6

文本工具的各项属性含义如下：

图 5-1-7

（1）单击文本类型列表框下拉按钮，在弹出的列表框中选择文本类型，如图 5-1-7 所示。

Flash 中的文本分为"静态文本"、"动态文本"和"输入文本"。

"静态文本"用来创建不需要改变内容的文本框。

"动态文本"用来创建支持 ActionScript 编程技术的文本。

"输入文本"用来创建可在其中输入文本的文本框。

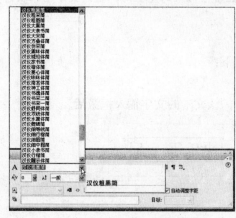

图 5-1-8

（2）字体列表框可以设定当前文字的字体，单击字体列表框下拉按钮，在弹出的列表框中选择所需字体，如图 5-1-8 所示。

图 5-1-9

（3）字号大小设定框显示当前文字的大小（用字号来表示）。用户可以在字号大小设定框中直接输入字号来改变文字大小，或单击该栏右侧的下拉按钮，通过拖动弹出的滑杆设定文字的大小，如图 5-1-9 所示。

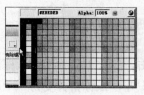

图 5-1-10

（4）如图 5-1-10 所示，单击"文本颜色"按钮，在弹出的颜色样本面板中选择目标颜色作为文字颜色。

图 5-1-11

（5）如图 5-1-11 所示，颜色设置框右侧各按钮的作用分别为：

B 粗体：将当前所选文本字体加粗且作用于之后输入的文本。

I 斜体：将当前所选文本变为斜体且作用于之后输入的文本。

左对齐：文本对齐方式为左对齐。

居中对齐：文本对齐方式为居中对齐。

右对齐：文本对齐方式为右对齐。

两端对齐：文本对齐方式为两端对齐。

¶编辑格式选项：单击该按钮，弹出如图 5-1-12 所示的"格式选项"对话框，在其中可以设置输入文本在文本框中的位置，有"缩进"、"行距"、"左边距"和"右边距"4 个选项。

图 5-1-12

改变文本方向：用于更改当前所选文本的排版方向，可以选择"水平"、"垂直，从左向右"和"垂直，从右向左"3 种文本方向。

（6）图 5-1-13 所示为"字母间距"、"字符位置"和"自动调整字距"等选项。

字母间距 字符位置 自动调整字距

图 5-1-13

"字母间距"选项用于设置文字间的距离。

"字符位置"列表框有 3 个选项："一般"、"上标"和"下标"。图 5-1-14 所示为正常情况下的文字和作为上标、下标的文字。

"自动调整字距"复选框被勾选时会自动排列字符的间距和位置。

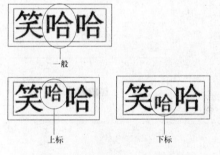

一般

上标　　　　　　下标

图 5-1-14

（7）图 5-1-15 所示为"字体呈现方法"选项栏。

通过该栏可以根据需要设置文字的显示效果。

图 5-1-15

5.2 创建文本对象

Flash 文本包括静态文本、动态文本和输入文本 3 种文本类型，各文本类型各有不同的用途。本节讲解创建这 3 种文本类型的方法和各文本类型的特点。

5.2.1 创建静态文本

以静态文本类型创建的文本，在发布的作品中是无法对其进行修改操作的。下面以实例说明静态文本的建立方法。

（1）单击工具箱中的文本工具。

（2）单击属性面板中的文本类型栏，在打开的图 5-2-1 所示的文本类型下拉列表中，选择"静态文本"。

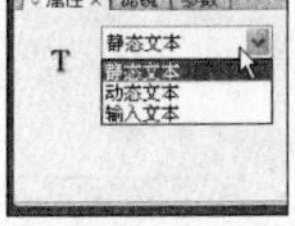

图 5-2-1

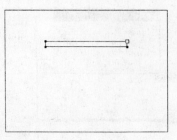

图 5-2-2

（3）移动鼠标指针到舞台，按住鼠标左键拖动画出一个固定宽度的文本框，如图 5-2-2 所示。

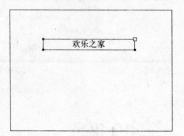

图 5-2-3

（4）在属性面板中设置文字为居中对齐，然后在输入框中输入图 5-2-3 所示的文字。

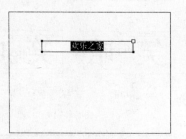

图 5-2-4

（5）将鼠标指针移到"欢乐之家"文字的后面，按住鼠标左键向前拖动，选择文字"欢乐之家"，结果如图 5-2-4 所示。

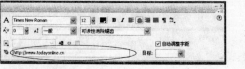

图 5-2-5

（6）将鼠标指针移至属性面板中的链接栏，单击鼠标后输入链接网址，如图 5-2-5 所示。

图 5-2-6

（7）将鼠标指针移至目标栏（即链接打开方式栏）的下拉按钮单击，打开如图 5-2-6 所示的网页打开方式菜单。

_blank：链接打开于新打开的浏览器中；

_parent：链接打开于父框架中；

_self：链接打开于当前的框架中；

_top：链接打开于默认的顶部框架中。

本例选择"_blank"选项。

设置完链接后，场景中"欢乐之家"文字的下方出现一条下划线，如图 5-2-7 所示。

图 5-2-7

（8）单击属性面板中的"可选"按钮，并设置字体呈现方法为"可读性消除锯齿"，如图 5-2-8 所示。

图 5-2-8

可选：如果选择了该项，在文件输出时，用户可以对输出的 SWF 影片中的文本进行选择、复制操作。

可读性消除锯齿：可以有效消除文字的边缘锯齿。

（9）静态文本制作完成。

测试静态文本的操作步骤如下：

（1）单击"控制→测试影片"命令，进入影片测试场景。

（2）将鼠标指针移至"欢乐之家"文字，鼠标指针变为手掌的形状，单击鼠标后可以打开步骤（6）设置的链接网页。

5.2.2 创建动态文本

动态文本是一种交互式的文本对象，可以应用 ActionScript 编程进行控制。下面以实例来说明动态文本的建立方法。

（1）新建一个文件。

（2）如图 5-2-9 所示，单击属性面板的背景色按钮，在打开的颜色样本面板中选择背景颜色。

图 5-2-9

（3）选择工具箱中的文本工具，在属性面板中设置文本类型为动态文本。

（4）在舞台中按下鼠标左键并拖动，建立一个固定宽度的文本框，结果如图 5-2-10 所示。

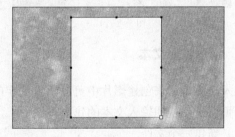

图 5-2-10

（5）如图 5-2-11 所示，在属性面板中设置动态文本的名称为 wenben。

图 5-2-11

（6）如图5-2-12所示，单击时间轴面板的第一帧。

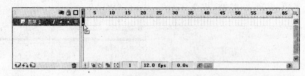

图5-2-12

（7）执行"窗口→动作"命令，打开动作面板。

（8）如图5-2-13所示，在动作面板中输入"wenben.text="你好";"。

图5-2-13

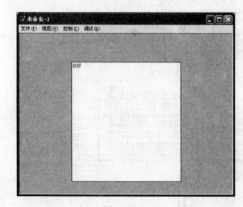

图5-2-14

（9）执行"控制→测试影片"命令，结果如图5-2-14所示。结果中显示了程序中的输入的文字。

5.2.3　创建输入文本

输入文本是用来创建影片中可以输入文字的文本框，多用来建立密码输入框、用户答卷等。下面以实例说明输入文本的建立方法。

（1）新建一个文件。

（2）单击"窗口→属性"命令，打开属性面板。按图5-2-15所示设置文件属性。

图5-2-15

（3）选择文本工具，在属性面板中将文本类型设为输入文本，其他属性按图5-2-16所示设置。

图5-2-16

（4）将鼠标指针移至舞台，拖动出一个固定宽度的文本框，如图5-2-17所示。

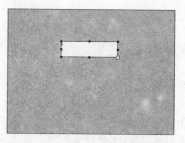

图5-2-17

（5）在文本框中输入"输入密码"，如图5-2-18所示。

（6）单击"控制→测试影片"，进入影片测试场景中。

（7）在影片测试场景的输入密码框中单击并输入数字，进行测试。

图5-2-18

注：如果在第（3）步中，在"输入行类型"框中设为"密码"，如图5-2-19所示，则在发布的文件中输入的字符将以＊号来表示。

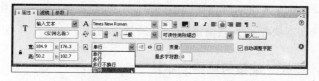

图5-2-19

在图5-2-19中，输入类型各选项的含义如下：

单行：所有文字在一行中显示。

多行：当文本长度大于输入框长度时会自动换行。

多行不换行：文本以多行显示，但不会自动换行。

输入文本涉及到许多编程方面的知识，这里只简单介绍到此。

5.2.4 文本类型之间的转换

Flash中的3种文本类型可以相互转换。

文本类型间转换的操作步骤如下：

（1）单击工具箱中的选择工具。

（2）将鼠标指针移至目标文本块单击，选择目标文本块。

（3）在属性面板的文本类型选项中选择所需文本类型，完成文本类型转换。

5.3 编 辑 文 本

Flash用户可以直接使用剪切、拷贝和粘贴命令，在Flash文件内以及在Flash和其他应用程序之间移动文本内容。

5.3.1 选择并移动文本块

选择并移动文本块的操作步骤如下：

（1）单击工具箱中的选择工具。

（2）单击目标文本块，此时该文本块出现一个蓝色边框，表明该文本块被选中。

（3）将鼠标指针移至蓝色边框区域内并按住鼠标左键拖动鼠标，即可在舞台区内移动文本块。

5.3.2 剪切／拷贝／粘贴文本块

（1）单击工具箱中的选择工具。

（2）将鼠标指针移至目标文本块，单击鼠标右键，在弹出的快捷菜单中选择"剪切"命令，即可剪切该文本块。

（3）同样，在弹出的快捷菜单中选择"拷贝"命令，即可复制该文本块。

（4）剪切或拷贝文本块后，将鼠标指针移至舞台上任何区域单击鼠标右键，在弹出的菜单中选择"粘贴"命令，将文本块粘贴到舞台中心位置；如果在弹出的菜单中选择"粘贴到当前位置"命令，则将该文本块粘贴到当前鼠标指针所处的位置。

5.3.3 任意变形／缩放／旋转与倾斜文本块

图5-3-1

（1）单击工具箱中的选择工具，移动鼠标指针到目标文本块。单击鼠标右键，在打开的菜单中选择"任意变形"命令，这时在文本块的中心、边角位置处出现图5-3-1所示的控制点。

（2）移动鼠标指针到角控制点的外侧，鼠标指针变为圆弧形状，按住鼠标左键并拖动鼠标，可将整个文本块以中心控制点为中心旋转，如图 5-3-2 所示。

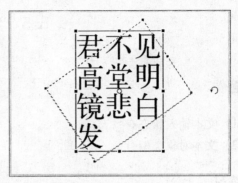

图 5-3-2

在旋转文本块时，如同时按住 Shift 键则以 45 度为增量旋转文本块；如同时按住 Alt 键，则以对角控制点为中心旋转文本块。

（3）选择任何一条边上的控制点，此时鼠标指针变为如图 5-3-3 所示箭头形状，沿水平或者垂直方向拖动即会朝各自的方向缩放文本块。

图 5-3-3

（4）将鼠标指针移至文本块的任何一条边上，此时鼠标指针自动变为图 5-3-4 所示形状，按住鼠标左键拖动，会以对边为轴倾斜文本块。

图 5-3-4

5.4　小　结

本章主要讲解了 Flash 中文本工具的应用及特效文字的制作，其中要重点掌握文本对象的创建、编辑等操作。最后通过几个简单实例帮助读者了解在 Flash 中制作文本特效的基本思路。

5.5 练 习

填空题

（1）文本输入状态有———、———。
（2）文本对象类型有———、———、———。

上机练习

（1）建立输入文字框，并练习切换输入状态。
（2）使用动态文本制作一个可自动更新的发布栏。

第6章　图像的导入导出

通过本章，你应当：

（1）学会导入和导出图形图像。

（2）学会编辑图像。

导入和导出图像是比较常用的操作。不同的图像和多媒体处理软件拥有不同的优势，因此完整的一幅图像或是一段多媒体作品，通常需要使用不同的软件分别进行处理。所以需要进行导入和导出操作。

使用 Flash 工作的过程中，经常需要应用到导入和导出操作。图 6-0-1 所示就是使用导入的图像制作的背景图。

图 6-0-1

6.1　导　入　图　像

6.1.1　导入图像的一般过程

Flash 支持多种位图图像和矢量图形的格式文件。说明如下：

位图：被导入为当前层中的单个对象并保留其透明度设置。

任意图像序列：被导入为当前层中的连续帧。

矢量图形：被导入为当前层中的组合。

此外，Flash还可以导入WAV等格式的影音文件。

图6-1-1

导入图像的操作步骤如下：

（1）执行"文件→导入→导入到舞台"命令，打开如图6-1-1所示的"导入"对话框。

（2）在"导入"对话框中，选择目标文件后，单击"打开"按钮，将图像导入到舞台。

图6-1-2

注：如果导入图像的文件名是以数字结尾的，如：man1.jpg、man2.jpg……或p01.gif、p02.gif……，并且这些文件存放在同一文件夹内，则Flash会自动将其识别为图像序列，将会提示是否导入图像序列，如图6-1-2所示。

单击"是"按钮，导入图像序列中的所有文件。单击"否"按钮，只导入当前选定的文件。

导入一组图像序列到Flash中时，舞台中的图像按照它们的序号顺序一帧帧地排在时间轴面板上，如图6-1-3所示。

导入的图像序列，在时间轴上按顺序一帧帧排列

图6-1-3

6.1.2 导入图像的格式

图6-1-4

选择导入图像格式的方法如下：

执行"文件→导入→导入到舞台"命令，打开"导入"对话框。单击"文件类型"栏右侧的下拉按钮，可看到当前Flash所支持的所有文件格式，如图6-1-4所示。

Flash支持当前几乎所有的主流图形图像文件格式。这里需要注意以下几种文件格式：

（1）PSD文件格式。这是Adobe公司开发的一种文件格式，可以保留文件的透明背景。

PSD 文件格式可保留当前图片的所有细节信息，但 PSD 格式存储的文件较大。

（2）PNG 文件格式。这是继 GIF 文件格式开发的应用在网络传输上的一种文件格式，可以保留文件的透明背景。

PNG 文件格式存储时会丢失一些细节信息，但 PNG 格式存储的文件较小。

（3）在使用 Adobe 公司的矢量制图软件 Illustrator 时，可以导出 EPS 和 AI 两种矢量图格式文件。虽然 Flash 同时支持这两种文件格式，但对 EPS 格式的支持程度更好。因此，建议对准备导入到 Flash 中的矢量图先转为 EPS 文件格式。

例：导入透明背景文件。

（1）在其他图形图像软件中制作一个背景透明的图像，本例用 Photoshop 制作透明背景图像。图 6-1-5 所示为制作好的图像。

图 6-1-5

（2）在 Photoshop 中将图像分别存储为 TIF 格式和 PNG 格式。

（3）启动 Flash CS3 程序，新建 Flash 文件。如图 6-1-6 所示，在属性面板中将当前舞台的背景色设为橙色。

图 6-1-6

（4）导入 TIF 格式的图像，结果如图 6-1-7 所示。

图 6-1-7

（5）导入 PNG 格式的图像，结果如图 6-1-8 所示。

总结：虽然这两种文件格式都是以透明背景存储的，但在被导入时，只有 PNG 格式保留了透明背景，而 TIF 格式在导入时以白色替换了透明区域。

图 6-1-8

6.1.3　补充命令

1.“导入到库”命令

“导入到库”命令，可以将图片导入到当前 Flash 文件的库中。

注：“导入到库”和“导入到舞台”命令的区别是前者将图片导入到库中，后者是将图片放入到当前舞台和库中。

使用“导入到库”命令的操作步骤如下：

（1）执行“文件→导入→导入到库”命令，打开“导入到库”对话框。

（2）在“导入到库”对话框中选择目标文件后，单击“打开”按钮，开始导入图片。

（3）单击“窗口→库”命令或按“Ctrl+L”组合键打开库面板。如图 6-1-9 所示，在库面板中显示了刚才导入的图片。

图 6-1-9

（4）使用时将鼠标指针移至库面板中目标位图图标，按住鼠标左键将目标位图拖动到舞台中。

2.“打开外部库”命令

“打开外部库”命令与“导入到库”命令的使用方法相同。但“打开外部库”最重要的作用是将另一个 Flash 文件的库中的元件在当前文件的库中打开。

关于“库”的更多内容请参阅本书第 9 章。

6.2　编辑导入的位图和矢量图

Flash 可以对导入的图形图像进行编辑操作。对被导入的位图和矢量图都可以应用旋转、倾斜、缩放等编辑操作，但在细节调整上却又有很大差异。

6.2.1　编辑导入的位图

1.对导入的位图应用变形操作

对导入到舞台中的位图应用变形的操作步骤如下：

（1）使用工具箱中的选择工具，单击选中舞台中的目标位图。单击工具箱中的任意变形工具后，目标图像会被变形框包围，如图 6-2-1 所示。

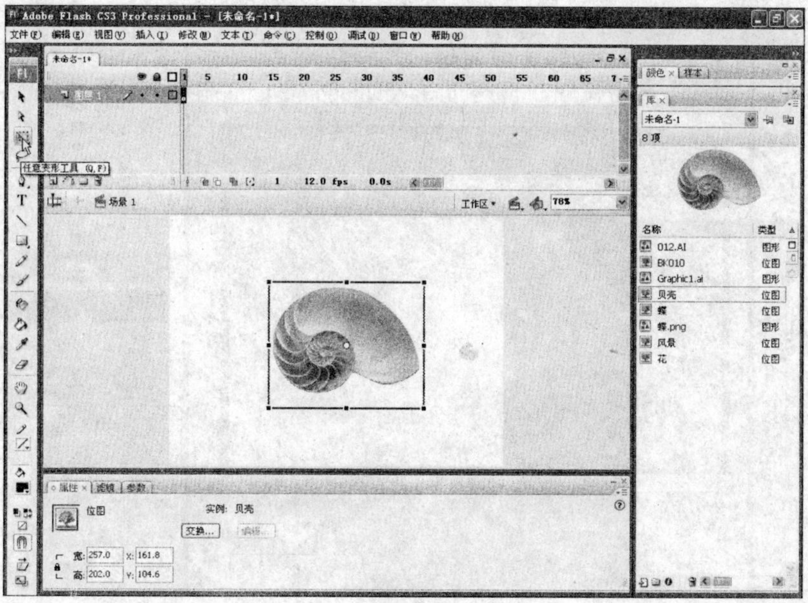

图6-2-1

（2）移动鼠标指针到变形框的变形点后按住鼠标左键拖动，可以对位图进行旋转、倾斜、缩放、翻转等操作。

注：还可以使用工具箱中的选择工具选中位图，然后执行"修改→变形（或排列、对齐)"命令，对当前选中的一个或多个位图进行变形、排列等操作。

2.使用其他图像编辑软件处理图像

（1）移动鼠标指针到库面板中的目标对象，单击鼠标右键，在弹出的如图6-2-2所示的菜单中选择"编辑方式"，打开"选择外部编辑器"对话框。

图6-2-2

（2）如图6-2-3所示，在选择外部编辑器对话框中选择目标编辑软件。

本例选择Fireworks软件编辑当前图像。

图6-2-3

（3）单击"打开"按钮后，进入到图6-2-4所示的Fireworks编辑界面。

图 6-2-4

图 6-2-5

（4）编辑完成后单击图像窗口右上角的"关闭"按钮 ⊠，关闭 Fireworks 软件，弹出如图 6-2-5 所示的保存提示对话框。单击"是"按钮完成位图修改。

3.设置位图属性

通过设置位图属性，可以了解位图信息、预览效果、更新图像，以及测试对图像文件进行压缩后的效果等。位图的属性可以通过"位图属性"对话框设置。

图 6-2-6

设置位图属性的操作步骤如下：

（1）单击"窗口→库"命令，打开库面板。

（2）移动鼠标指针到库面板中的目标位图图标，单击鼠标右键，在弹出的菜单中选择"属性"，如图 6-2-6 所示。

图 6-2-7

（3）在打开的如图 6-2-7 所示的"位图属性"对话框中，设置位图属性。

（4）单击"确定"按钮，完成设置。

"位图属性"对话框中各选项的含义如下：

允许平滑：勾选该复选框，可以消除图像边缘锯齿。

压缩：显示文件的压缩方式，包括照片

（JPEG）和无损图片（PNG/GIF）两种方式。选择照片（JPEG）方式时，输出文件按照JPEG方式压缩；而无损图片（PNG/GIF）文件在输出时质量不会有任何下降。

更新：更新导入的图像文件。

导入：打开"导入"对话框，可以导入一幅新的图像。

测试：显示压缩前后文件的大小。

4. 将位图转换为矢量图

将位图转换为矢量图有两种操作方式。一种是使用"转换位图为矢量图"命令；另一种是使用"分离"命令。位图转换为矢量图后就可以在Flash中使用矢量图编辑工具对其进行编辑。

用"转换位图为矢量图"命令进行转换的操作步骤如下：

（1）执行"文件→导入→导入到舞台"命令，打开"导入"对话框，选择目标图像，将其导入到舞台中。

（2）使用选择工具选择舞台中要矢量化的图像。

（3）执行"修改→位图→转换位图为矢量图"命令，打开图6-2-8所示的"转换位图为矢量图"对话框。

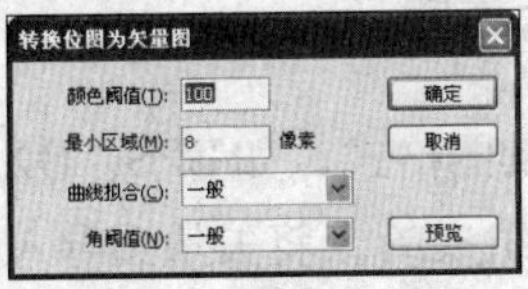

图6-2-8

该对话框中各项参数的含义如下：

颜色阈值：设置区分颜色的阈值，阈值为1~100之间的整数。阈值越小，颜色转换越多，与源图像差别越小，转换后的图像文件越大。

最小区域：最小区域的像素数，设定使用多少像素为单位来转换成同一色彩，取值范围在1~1000之间。其值越小，转换后图像越精确，与原图像越接近，转换的时间也越长。

曲线拟合：设置转换时曲线的处理方式。包括"像素"、"很密"、"密"、"正常"、"平滑"、"很平滑"6种设置。"像素"处理效果最好，但是转换后的文件相对较大。

角阈值：设置转换时如何识别图像中的转角。包括"较多转角"、"标准"、"较少转角"3种设置。

（4）设定好转换参数后，单击"确定"按钮，开始转换。

注：设置不同的参数，转换的图像效果、文件大小不同，这需要用户自己去把握。

图6-2-9中颜色阈值设为100，最小区域设为50。图6-2-10中颜色阈值设为10，最小区域也设为10。

图6-2-9

图6-2-10

如果对转换后的矢量图不满意，可以选择"编辑→撤销"命令（或按"Ctrl+Z"组合键），取消这次转换。

并不是所有的位图转换为矢量图后都会减小文件尺寸。如果图像的颜色丰富，结构复杂，那么转换成矢量图后的文件可能比位图还大。

对 Flash 中的位图图像，也可以使用"分离"命令将其转换为矢量色块，生成多个独立的填充区域线条。分离图像与转换位图为矢量图的方式和结果有所不同。

使用"分离"命令进行转换的操作步骤如下：

（1）执行"文件→导入→导入到舞台"命令，打开"导入"对话框，在导入对话框中选择目标位图，将其导入到舞台中。

（2）使用选择工具选择目标图像。

（3）执行"修改→分离"命令，分离图像（或按"Ctrl+B"组合键分离图像）。

（4）单击工具箱中的套索工具，在选项区中选择"魔术棒"。然后在图像上单击，选中色块，按住鼠标左键拖动鼠标，会发现位图已经被打散。使用工具可以对该图执行拆分或编辑形状等操作；可以对执行分离操作的位图进行色彩填充并查看效果。

6.2.2　编辑导入的矢量图

Flash 支持多种矢量图格式，如 EPS、DXF 等文件格式。在其他矢量图编辑软件中，矢量图是由许多独立的形状组成的。将矢量图导入 Flash 时，导入的矢量图被看成由多个形状组合后形成的一个图形组。

编辑导入矢量图的操作步骤如下：

（1）执行"文件→导入→导入到舞台"命令，在打开的如图6-2-11所示的"导入"对话框中选择所需矢量图，单击"打开"按钮，打开导入提示框。

图6-2-11

如图6-2-12所示，在打开的导入提示框中，显示了导入矢量图的图层信息。

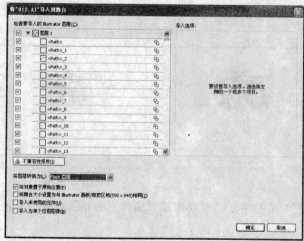

图6-2-12

（2）如图6-2-13所示，单击将层转换为栏，在打开的菜单中选择"单一Flash图层"。单击"确定"按钮将矢量图导入到舞台中。

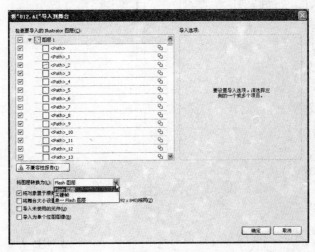

图6-2-13

导入提示框中各转换选项的含义如下：

Flash图层：新建一个图层，把导入的矢量图放置在新建图层内。

关键帧：新建一个关键帧，把导入的矢量图放置在新建帧中。

单一Flash图层：将矢量图以完整的平面图形式导入到当前帧中。

（3）导入到舞台的矢量图，如图6-2-14所示。

（4）使用选择工具，选择导入矢量图的目标位置，进行编辑即可。

图6-2-14

注：当导入的矢量图是由多个群组形状拼在一起时，使用箭头工具指向该形状双击即可进行编辑。处于编辑状态的形状呈高亮显示，在当前编辑状态无法编辑的形状则较暗。

需要查看当前形状是由哪些群组组成时，可以使用选择工具将当前形状框选。框选后不同的群组分别显示为独立的矩形框，如图6-2-15所示。

图6-2-15

编辑形状的具体方法参见本书第3章和第4章。

如图 6-2-16 所示，编辑完成后，单击"场景 1"按钮回到舞台中。

图 6-2-16

6.3 导 出 图 像

Flash 文件可以导出为其他图像文件格式。

其操作步骤如下：

（1）制作图案。

图 6-3-1

（2）执行"文件→导出→导出图像"命令，弹出"导出图像"对话框，如图 6-3-1 所示。

（3）在"保存在"栏中设置文件的存储位置。

（4）在"文件名"输入栏中输入保存文件的名称。

图 6-3-2

（5）如图 6-3-2 所示，单击"保存类型"栏右侧的下拉按钮，在弹出的下拉列表中选择保存的类型，本例选择 PNG（*.png）。

注：导出图像时应注意导出图像的文件格式。若是以矢量图文件格式（如AI、DXF格式）导出，对图形本身质量影响不大。但以位图格式导出时应注意，只有PNG格式支持背景透明，因此需要背景透明时应使用PNG格式导出图像。

在"文件→导出"菜单中还有一个"导出影片"命令，常用来将Flash制作的动画转换为其他影片格式。也可以将当前图片以影片格式导出，且与"导出图像"命令的导出方法相同。

（6）单击"保存"按钮，打开图6-3-3所示的导出图像的向导提示框。

图6-3-3

导出对话框中各项设置的含义如下：

尺寸：设置导出图像的宽和高。

分辨率：根据导出图像的用途设为不同分辨率。用于显示器上显示时设为72dpi，普通黑白输出时设为150dpi，彩印和封面等输出时设为300dpi。

匹配屏幕：以当前图形大小自动设定宽和高。

包含：有两个选项，"最小影像区域"以有图形的区域为准；"完整文档大小"包含当前舞台的大小等信息。

颜色：有"8位"、"24位"和"24位 Alpha通道"3个选项。"8位"和"24位"选项很少用到，这里保留默认值"24位 Alpha通道"。

过滤器：压缩过程采用的算法。

（7）单击"确定"按钮，完成图像导出。

6.4 小 结

本章讲解了Flash CS3导入图形图像、编辑导入的图形图像和导出图形图像的方法。通过本章学习，应当重点掌握对导入图形图像的编辑方法。

6.5 练 习

填空题

（1）向Flash中导入图像时，保留透明背景图像的格式有————、————。

（2）导入位图的命令有————、————、————。

（3）Flash支持————、————、————矢量图形导出格式。

问答题

简述在 Flash 中编辑位图的方法。

上机练习

（1）导入位图、矢量图。

（2）编辑导入的位图和矢量图。

（3）将导入的位图重新排序组合。

（4）使用第三方软件直接编辑 Flash 中的位图。

（5）导出图像，用 Flash 支持的所有图像格式将图像导出。对比用不同格式导出的矢量图、位图的区别，如不同格式导出的图像的体积大小、背景差异等。

第7章 Flash 动画基础

通过本章，你应当：

（1）了解 Flash 动画的基础知识。

（2）学会使用 Flash 创建简单的逐帧动画和补间动画。

Flash 动画是将画面按一定的空间和时间顺序排放在时间轴面板中。播放时按时间轴中的排列顺序和设定的播放速度连续地显示这些画面来实现动画效果。

Flash 动画在某一时间点出现的画面，可以是由多幅画面层叠在一起的混合画面，也可以是单幅画面。图 7-0-1 所示为一个 Flash 动画截图。制作时，路灯、树和小鸭是 3 幅独立的画面，把这 3 幅画面排放在时间轴的不同图层的同一时间点上就形成了一幅混合画面。

图 7-0-1

7.1 帧与时间轴

7.1.1 帧的概念

影片是由一幅幅画面连续播放形成的，影片中的单幅画面被称为帧（Frame，即画面），如

图 7-1-1 所示。影片的播放速度以帧／秒为单位，即每秒播放帧的数量（帧／秒，fps）。一般电视播放影片的速度为 24 帧／秒，即每秒播放 24 幅画面。

图 7-1-1

7.1.2 时间轴和时间轴面板

Flash 通过时间轴面板来设置帧（即每幅画面）的播放顺序和占用时间。

图 7-1-2 所示为时间轴面板。时间轴面板中左侧对应图层操作，右侧对应时间轴。时间轴面板的图层可以用来安排帧的空间顺序，时间轴可以用来安排帧的播放顺序。

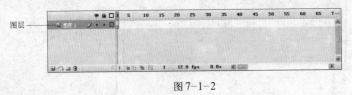

图 7-1-2

7.1.3 帧的分类

帧的类型有帧、关键帧、空白关键帧。图 7-1-3 所示为时间轴面板中不同种类的帧的显示状态。

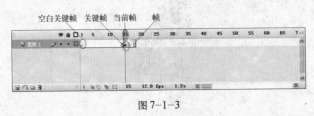

图 7-1-3

空白关键帧：在时间轴上用空心点表示，表示当前帧为空白画面。

关键帧：在时间轴上用黑色实心点表示，说明当前帧的画面有内容。

帧：在时间轴上没有任何显示，说明当前位置没有画面。在关键帧后面建立帧，可以延续显示前一关键帧的内容。例如，需要显示目标关键帧的内容为 25 帧长度，那么在该帧后面的 25 帧处插入一个帧，即可连续显示该帧内容到该处。

7.1.4 帧的显示状态

在 Flash 中通过帧在时间轴上的显示情况，可以判断动画的类型以及动画中存在的问题。

补间动画分为动画补间和形状补间，在时间轴上显示为通过黑色箭头连接的两个关键帧。动画补间在时间轴上以蓝色背景显示；形状补间在时间轴上以绿色背景显示。创建补间动画时，虚线代表两个关键帧之间无法创建补间动画。

如在空白关键帧或关键帧上有一个小写字母"a"，则表示这一帧中含有命令程序（即动作Action），当影片播放到这一帧时会执行相应的命令程序。详细内容请参见本书第12章。

在关键帧上有一个小红旗，表示这一帧含有标签，小红旗后面为标签名称。

7.2　Flash 动画的种类

Flash 包含两种动画类型，分别是逐帧动画和补间动画。

7.2.1　逐帧动画

逐帧动画也称为"帧－帧"动画，它需要制作好每一连续动作的关键帧画面，然后通过连续播放这些帧，生成动画效果。这也是传统动画的制作方法。

逐帧动画在时间轴上的显示状态如图 7-2-1 所示。

图 7-2-1

逐帧动画多用来创建连续的细腻动作，如人物行走、奔跑和跳跃等，如图 7-2-2 所示。

图 7-2-2

7.2.2　补间动画

补间动画是在两个关键帧间由 Flash 通过计算生成中间各帧，使画面从前一关键帧平滑过渡到后一关键帧。补间动画在时间轴上的显示状态如图 7-2-3 所示。

图 7-2-3

补间动画又分为动画补间和形状补间。

（1）动画补间可以制作出放大、缩小、旋转、沿特定路径运动等效果，图 7-2-4 所示为小人沿特定路径奔跑的动画补间。

图 7-2-4

图7-2-5

（2）形状补间可以制作出放大、缩小、位置移动、颜色变化以及形状变化等效果。图7-2-5所示为从人到小鸭的形状补间过程。

7.3 帧的相关操作

帧是构成Flash动画的基本单位，因此掌握帧的相关操作是重点学习内容。

7.3.1 创建空白关键帧

空白关键帧是一幅空白画面，为添加内容提供空间。

新建Flash文件后，会自动在时间轴第一帧处创建一个空白关键帧，如图7-3-1所示。

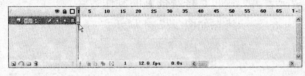

图7-3-1

创建空白关键帧的操作步骤如下：

（1）移动鼠标指针到时间轴上需要建立空白关键帧的位置，如图7-3-2所示，然后单击鼠标。

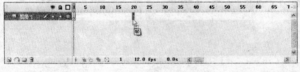

图7-3-2

（2）按F7键插入空白关键帧，结果如图7-3-3所示。

图7-3-3

注：可以执行"插入→时间轴→空白关键帧"命令，插入空白关键帧。还可以将鼠标指针移至时间轴上需要插入空白关键帧的位置，单击鼠标右键，在弹出的菜单中选择"插入空白关键帧"。

7.3.2 创建关键帧

创建关键帧是制作动画的基本操作，单位时间内的关键帧越多，动画效果越细腻。

创建关键帧的操作步骤如下：

（1）执行"文件→新建"命令，新建一个文件。

（2）在第一空白关键帧所在舞台区中添加一些内容（如使用绘画工具画出的一些形状），空白关键帧就会自动转换成关键帧。图7-3-4所示为空白关键帧转换的关键帧。

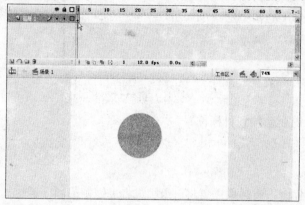

图7-3-4

同样，在时间轴面板的其他位置创建空白关键帧，并在其中添加内容也可建立关键帧。

注：单击时间轴中需要创建关键帧的位置，然后单击"插入→时间轴→关键帧"命令，可以创建关键帧。

在时间轴上需要创建关键帧的位置单击鼠标右键，在弹出菜单中单击"插入关键帧"命令，可以创建关键帧。

单击时间轴上需要创建关键帧的位置，按F6键也可创建关键帧。

只有在上一帧为关键帧时，使用"插入关键帧"命令插入的才是关键帧，否则插入的是空白关键帧。插入关键帧实质上是对上一关键帧内容的复制。

7.3.3　创建帧

制作Flash动画时，若在一段时间内需要保持某个关键帧内容不变，可以使用帧。

创建帧的操作步骤如下：

（1）单击时间轴面板上需要该帧画面结束的位置。

（2）单击"插入→时间轴→帧"命令（或按F5键），插入帧，结果如图7-3-5所示。

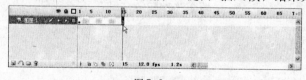

图7-3-5

注：如果连续地插入关键帧到该画面结束位置，也可以保持该时间段中关键帧的内容不变。但连续相同内容的关键帧只会无谓地增加Flash文件的体积，而使用帧来完成这一过程，可以有效减少Flash文件的最终体积。

7.3.4　移动帧

在使用Flash制作动画的过程中，经常需要将一个帧或者一组帧移动到其他位置。

移动帧的操作步骤如下：

（1）单击时间轴上需要移动的帧，选中该帧。

注：按住Shift键，分别单击需要移动的连续帧的首末端两帧，可以选择一组帧。

（2）将鼠标指针移至选中的帧，鼠标指针末端出现小矩形标识，如图7-3-6所示。

图7-3-6

（3）按住鼠标左键拖动帧到目标位置。

7.3.5 翻转帧

在制作动画的过程中，有时候需要将一组帧或者关键帧的顺序翻转过来，也就是说一组中的第一帧变为最后一帧，最后一帧变为第一帧，这就需要翻转帧。其操作步骤如下：

（1）在时间轴上选择需要翻转的一组帧。

（2）在选定的帧上单击鼠标右键，弹出如图7-3-7所示的菜单。

图7-3-7

（3）选择"翻转帧"命令，这组帧的顺序就翻转了。

在执行完"翻转帧"命令后，依次单击这一组帧的关键帧，会发现这些帧的顺序发生了变化，即第一帧变为了最后一帧，第二帧变为倒数第二帧……而最后一帧变为了该组的第一帧。

7.3.6 删除帧

在使用Flash制作动画的过程中，经常需要删除帧。

删除帧的操作步骤如下：

（1）选择时间轴中需要删除的帧。

（2）在选中的帧上单击鼠标右键，在打开的菜单中选择"删除帧"命令，删除该帧。

7.3.7 绘图纸工具

在制作Flash动画时，同一时间点只能显示动画序列中的一帧内容，但有时候需要同时查看多个帧，这时就需要使用绘图纸工具。图 7-3-8 所示为使用"绘图纸外观"工具的时间轴面板。

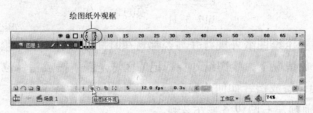

图 7-3-8

使用"绘图纸外观"工具后，舞台中的角色显示状态如图 7-3-9 所示。

图 7-3-9

7.3.8 绘图纸工具详解

如图 7-3-10 所示，在时间轴左下方依次为"绘图纸外观"、"绘图纸外观轮廓"、"编辑多个帧"和"修改绘图纸标记"按钮。

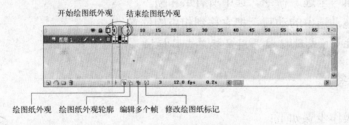

图 7-3-10

单击"绘图纸外观"按钮后，时间轴上将标识出绘图纸外观标记，绘图纸外观标记告诉用户在工作区中显示了哪些帧，如图 7-3-10 所示。

如果要改变"绘图纸外观"的范围，可以将鼠标指针移至"开始绘图纸外观"或"结束绘图纸外观"，按住鼠标左键将其拖动到所要显示的范围。中间的红色标记代表当前帧，当前帧两边处于绘图纸外观标记范围内的帧画面用模糊颜色显示。

绘图纸外观：将多个帧层叠显示。当前帧以正常颜色显示，其他帧以模糊颜色显示，以区别可编辑和不可编辑的帧，模糊颜色显示的帧是不可编辑的。

绘图纸外观轮廓：将多帧画面内容以轮廓线的形式显示出来，这样可以更清楚地看到对象的变化过程。

编辑多个帧：可以同时编辑多个帧。进行多帧编辑时，被编辑帧必须是关键帧画面，对于补间动画自动生成的过渡帧则无法进行编辑。

图 7-3-11

修改绘图纸标记：单击该按钮，会弹出如图 7-3-11 所示的设置绘图纸选项菜单，各选项的含义如下：

总是显示标记：无论绘图纸外观打开与否都将在时间轴指针中显示绘图纸外观的标记。

锚定绘图纸：一般情况下，绘图纸外观标记的区域是随着播放指针位置的改变而改变的，当执行此命令时，无论播放指针如何改变，绘图纸外观区域始终不变。

绘图纸 2：在当前帧左右两边各显示 2 帧。

绘图纸 5：在当前帧左右两边各显示 5 帧。

绘制全部：显示当前帧左右两侧的所有帧。

一般情况下只能编辑当前帧，即使应用了绘图纸外观也只能编辑当前帧。若想同时编辑绘图纸外观标记的所有帧，可以单击"编辑多个帧"按钮。

只有逐帧动画才能同时编辑多个帧的内容。对于补间动画，中间的补间动画是计算出来的，即使按下了"编辑多个帧"按钮，补间动画中的过渡帧也不能被编辑。

7.3.9　使用绘图纸外观移动多幅画面

如果需要在场景中移动整个动画，就必须同时移动所有帧，这样可以避免重新对齐所有对象，操作步骤如下：

（1）在时间轴面板中单击"编辑多个帧"按钮。

（2）拖动时间轴上的"绘图纸外观"按钮，使它包括所有需要移动的目标帧。

（3）执行"编辑→全选"命令，选中所有层和帧。

（4）在舞台中拖动选中的动画，把它移到相应的位置。

注：也可以按住 Ctrl 或 Shift 键并用鼠标单击目标帧，来选中多个帧。

7.3.10　命名帧标签

命名帧标签的操作步骤如下：

（1）单击选择时间轴面板上的目标关键帧。

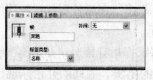

图 7-3-12

（2）在属性面板的"帧"文本框中输入帧的标签名，这里输入"奔跑"，如图 7-3-12 所示。

图 7-3-13

（3）按 Enter 键完成帧标签的命名。

命名帧标签后，时间轴面板中被命名的帧带有一个小的红旗，如图 7-3-13 所示。

命名帧标签可以帮助定位帧。例如跳转某帧时可以直接指向帧标签，而不是该帧当前的序列号，这样就不会因为帧位置的改变而影响跳转结果。

7.4　创建逐帧动画

逐帧动画是传统的动画形式，也是 Flash 动画的一个重要类型。

逐帧动画的制作方法如下：

（1）新建文件。

（2）选择第 1 个空白关键帧，并在其中绘制如图 7-4-1 所示的内容。

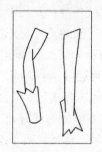

图 7-4-1

（3）单击当前帧右边相邻的单元格，按 F7 键在第 2 帧处插入空白关键帧。

（4）在第 2 帧处绘制如图 7-4-2 所示的内容。按照相同的方法创建第 3 帧、第 4 帧等，一帧一帧地增加新的关键帧，直到最后完成全部动画所需要的帧。

图 7-4-2

至此，一个简单的行走逐帧动画绘制完成。

（5）执行"控制→播放"命令或执行"控制→测试影片"命令，播放或测试动画。

7.5　创建补间

在 Flash 中使用补间功能，可以创作出丰富的动画效果。例如对象的运动、改变大小、改变形状、改变颜色、动态切换画面以及淡入淡出效果等。

7.5.1　创建动画补间

创建补间动画的原理是定义上一关键帧的位置、大小、属性等参数，然后逐渐改变这些参数进入下一关键帧。只有元件、图像和群组后的形状才能创建动画补间。

创建动画补间的操作步骤，以实例说明如下：

（1）新建一个文件。

（2）使用椭圆工具在舞台中画出一个圆，如图 7-5-1 所示。

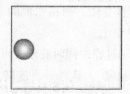

图 7-5-1

（3）使用选择工具选择圆，按"Ctrl+G"组合键组合圆。

（4）单击时间轴第20帧，按F6键插入关键帧，时间轴如图7-5-2所示。

图7-5-2

（5）将鼠标指针移至圆，按住鼠标左键将其拖动至如图7-5-3所示的位置。

图7-5-3

（6）单击时间轴的第1帧。

（7）如图7-5-4所示，单击属性面板中补间栏的下拉按钮，在下拉列表中选择"动画"。

图7-5-4

（8）属性面板变为如图7-5-5所示的状态。

图7-5-5

（9）在属性面板中设定动画补间的属性，完成动画补间的制作。

（10）按Enter键在场景中测试动画的运动效果。

选择动画补间后，其属性面板中各参数的含义如下：

帧标签：用于标识时间轴中的关键帧。将文件发布为 Flash 影片时会包括帧标签，因此应避免使用长名称，以尽量减小文件大小。

补间：设置补间动画的类型。在下拉列表中有3个选项，分别是"无"、"动画"和"形状"。

缩放：勾选该复选框可以使对象的大小按比例产生缩放补间效果。

缓动：控制运动的速度变化。单击右侧的下拉按钮后，利用弹出的滑杆能够改变加速度，滑块处于中间时，为匀速变化。

旋转：要使对象在运动过程中同时旋转，可以在"旋转"的下拉列表中选择一个选项，"顺时针"、"逆时针"或者"自动"。选择一种旋转方向后可以在其后的文本框中输入旋转的次数。

调整到路径：勾选"调整到路径"复选框，可以保持对象与路径的角度始终一致。

同步：勾选"同步"复选框，使图形元件实例的动画和主时间轴同步。

贴紧：如果使用运动路径，勾选"贴紧"复选框可以根据其注册点将补间元素附加到运动路径上。

7.5.2 创建形状补间

形状补间动画是补间动画的一种，通过形状补间，可以创建类似于形变的效果，使一个形状随着时间的推移变成另一个形状。Flash还可以对形状的位置、大小和颜色产生补间效果。

注：元件、组合和位图无法应用形状补间。需要对元件、组合、位图和文字等进行形状补间时，可连续按"Ctrl+B"组合键将其矢量化，再应用形状补间。

1．创建形状补间的基础

形状补间的原理和动画补间的原理类似：在某一个帧中绘制一个对象，再在另一帧中修改该对象或者重新绘制其他对象，然后由Flash计算两个关键帧之间的关系，插入变形帧，当连续播放时就产生了形状补间的动画效果。

形状补间动画的创建步骤如下：

（1）选择动画开始帧，在场景中使用绘图工具绘制图形，作为形状补间动画的第1个关键帧，如图7-5-6所示。

图7-5-6

（2）在同一个图层上，在该帧之后的目标帧位置插入一个空白关键帧，作为形状补间的结束帧，并在这个帧中创建变形后的图形，如图7-5-7所示。注意两帧不要紧邻。

图7-5-7

（3）选择时间轴上的第1个关键帧。然后如图7-5-8所示，在属性面板中设置补间为形状。

（4）设定完成，按Enter键测试。

图7-5-8

选择形状补间后，属性面板如图7-5-9所示，其各项参数的含义如下：

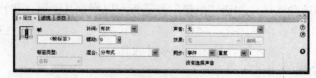

图7-5-9

缓动：控制变形的速度变化。单击右侧的下拉按钮后，利用弹出的滑杆能够改变加速度，滑块处于中间时，为匀速变化。

混合：它含有两个选项，即"分布式"和"角形"。分布式，可以使动画过程中新创建的中间过渡帧的图形比较平滑；角形，在创建的过渡动画中的图形更多地保留了原来图形的尖角或直线的特征，如果关键帧中没有尖角，这两种方式产生的动画效果没有区别。

2.使用形状提示创建形状补间

要精确控制复杂的形状变化，可以使用形状提示。

形状提示的使用方法如下：

（1）形状提示就是在形状的初始帧图形和结束帧图形上，分别指定一些形状提示点，这些点要在起始帧和结束帧中——对应，Flash将根据这些点的对应关系计算变化过程。

（2）单击"修改→形状→添加形状提示"命令，添加提示点。第一个添加的提示点被自动命名为"a"；再次执行上述操作添加第二个提示点，被自动命名为"b"，依此类推。

Flash中最多可以使用26个形状提示点，分别用字母a～z表示。

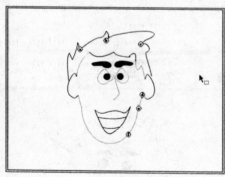

图7-5-10

（3）将提示点拖至需要对应的变形点位置，如图 7-5-10所示。

在起始帧里形状提示点用黄色圆圈表示，在结束帧里用绿色圆圈表示，如果提示点位置不在形状的边框线上，会以红色圆圈显示。

图7-5-11

（4）单击形状变形的最后一帧，将对应的形状提示点移至目标位置，如图7-5-11所示。

若要删除形状提示，可以将它拖出舞台；若要删除所有的形状提示，可以执行"修改→形状→删除所有提示"命令。

要查看所有的形状提示，可选择"视图→显示形状提示"命令。只有包含形状提示的层和关键帧处于当前状态下，"显示形状提示"命令才可用。

（5）按 Enter 键测试变形结果，完成变形设定。

3.获得最佳变形效果的原则

为了获得最佳的变形效果，应遵循以下原则：

（1）如果形状补间过程比较复杂，可以在初始图形、帧和最终帧之间插入一个或多个关键帧，而不要只定义起始和结束的形状。

（2）确保形状提示是符合逻辑的。例如，如果在一个三角形中使用3个形状提示，则在原始三角形和要补间的三角形中它们的顺序必须是一致的。它们的顺序不能在第1个关键帧中是abc，而在第2个关键帧中是acb。

7.6 小 结

本章详细介绍了创建 Flash 动画的基础知识及关于帧的基础操作，并通过一些实例讲解了逐帧动画和补间动画的制作方法。通过本章的学习，读者应该掌握制作简单动画的方法。

7.7 练 习

概念题

（1）帧　（2）时间轴　（3）逐帧动画

填空题

（1）Flash 中帧的种类有————、————、————。

（2）Flash 动画分为————、————。

（3）补间动画分为————、————。

问答题

（1）简述动画补间和形状补间的区别。

（2）简述"绘图纸外观"工具的作用。

上机练习

（1）分别制作动画补间和形状补间。

（2）制作一个小人跳跃的逐帧动画。

（3）制作一些补间虚影字，使用由大到小的补间和由小到大的补间。

思考题

制作一个旋转的长方体动画。

提示：使用形状渐变工具的提示点，制作几个不同旋转角度的旋转面关键帧。

第8章 图 层

通过本章，你应当：

（1）学会新建和删除图层。

（2）学会建立不同功能的图层。

（3）掌握不同属性图层的应用。

Flash 的图层可以理解为透明的胶片，通过图层可以按空间顺序排放帧。按制作动画时的功能，图层被分为引导层、遮罩层等类别。如图 8-0-1 所示，时间轴的左侧为图层面板。

图 8-0-1

图 8-0-2 所示为使用遮罩图层建立的图像特效。

图 8-0-2

8.1 图层简介

图层就像非常薄的透明胶片，可以一层层地叠放，最先放下的图层在最下面，而第二个放下去的图层则在倒数第二层，以此类推。每个图层都可以放入对象，可以对单个图层上的对象进行处理而不会影响到其他图层上的对象。

8.1.1 图层的种类

普通层标识
遮罩层标识
被遮罩层
运动引导层标识
普通引导层标识

图 8-1-1

如图8-1-1所示，时间轴面板中列出了所有的图层种类。图层有普通图层、遮罩层、引导层。

普通图层起着承载帧（画面）的作用。使用普通图层可以将多个帧（多幅画面）按一定顺序叠放，形成一个复合帧（画面）。

遮罩层可以把与遮罩层相链接图层中的图像遮盖起来。使用遮罩层可以将不需要的图像部分遮盖，只显示所需部分。

引导层起着辅助定位和为运动的角色指定运动路线的作用。

单击"插入图层文件夹"按钮，可以新建图层文件夹。可以将相关的图层拖动放到同一个图层文件夹中，方便管理和查找。

8.1.2 图层的作用和特点

Flash 中的图层作用和特点如下：

（1）设计者可以根据需要在动画中加入并组织多个图层。

（2）图层的数目仅受计算机内存的限制，并且增加层不会增加最终输出动画文件的大小。

（3）每一个图层上都可以包含任意数量的对象。

（4）改变图层位置时，图层中的所有对象随着图层位置的改变而改变，但图层中的对象自身堆叠顺序不会改变。

图 8-1-2 显示了在 Flash 中两个图层交换位置前后图像的比较，注意太阳和云层的前后位置。

交换前   交换后

图 8-1-2

（5）使用图层可以将动画中的静态元素和动态元素分割开来，这样可以减小整个动画文件的大小。

注：因为 Flash 需要在不同的时间段里重绘动态元素，处理动态元素又是以图层为单位（即将当前动态元素所在图层中的所有对象都进行重绘），如果将动态元素单独放入一个图层，而将静态元素放入另一个图层中，那么在动画过程中只需重绘动态元素就可以了。

8.2　图层的基本操作

8.2.1　创建新图层

新建文件时，Flash会自动新建一个名称为"图层1"的图层，如图8-2-1所示。

需要添加新的图层时，可单击时间轴面板的"插入图层"按钮，创建一个名为"图层2"的新图层。如果没有对新建图层进行调整，新建图层将依次排列在原有图层上方，并且新创建的图层总是处于当前状态。

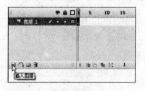

图8-2-1

8.2.2　选择图层

在时间轴面板中，用鼠标单击目标图层完成对图层的选择，被选中的图层图标会以蓝色背景显示，并且图层名称后面有一个铅笔标识，如图8-2-2所示。

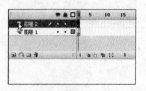

图8-2-2

8.2.3　删除图层

用鼠标单击需要删除的图层，再单击图8-2-3所示的"删除图层"按钮，可以将当前图层删除。

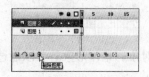

图8-2-3

注：当时间轴面板上仅剩一个图层时，将无法完成图层的删除操作。

8.2.4　命名图层

将鼠标指针移至时间轴面板中图层的文字部分，双击鼠标后输入名称，按Enter键完成命名，如图8-2-4所示。

图8-2-4

8.2.5　改变图层顺序

选择时间轴面板中的目标图层，按住鼠标左键将其拖动到目标图层位置的下方，如图8-2-5所示，释放鼠标左键完成图层的移动。

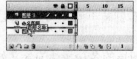

图8-2-5

注：移动图层时，图层中的对象都会跟随着一起移动。

8.2.6 图层的显示状态

在 Flash 中，图层有 4 种状态：当前图层、隐藏、锁定和轮廓。

（1）当前图层：即当前的工作图层，任何新创建的对象或者导入的元件都将放在当前图层上。当图层的名称栏上显示一个铅笔图标时，表示这一图层为当前图层。

图 8-2-6

（2）隐藏：当图层的名称栏上有一个红色叉号图标时，表示当前该图层为隐藏状态。隐藏状态下，图层上的所有元素为不可见。可以通过单击隐藏标识下方的对应点，打开或关闭隐藏状态，如图 8-2-6 所示。

图层隐藏后将无法对隐藏图层上的对象进行编辑，此时在铅笔标识上会有一个斜杠，表示该图层中的对象不可编辑。

图 8-2-7

（3）锁定：当图层的名称栏上有一个锁状图标时，表示当前该图层被锁定。图层被锁定时，可以看见图层上的对象，但无法编辑锁定图层上的对象。通过单击锁定标识下方的对应点，可以锁定或解除锁定图层，如图 8-2-7 所示。

图 8-2-8

（4）轮廓：当图层名称栏以彩色方框显示，代表图层处于轮廓模式，且只显示该图层上对象的外形轮廓；当彩色方框以实心块显示时，显示该图层上对象的整体形象。可以通过单击轮廓标识下方的对应点，改变层的显示状态，如图 8-2-8 所示。

注：用户可以同时为一个图层设置多种状态。

8.2.7 设置图层属性

每个图层都有自己的属性设置，设置图层属性的方法如下：

图 8-2-9

（1）选择时间轴面板中的目标图层。

（2）执行"修改→时间轴→图层属性"命令，打开如图 8-2-9 所示的"图层属性"对话框。

（3）在"图层属性"对话框中设置当前图层的属性。

（4）单击"确定"按钮完成设置。

图 8-2-9 中所示图层的各项属性的含义如下：

（1）名称

名称：用以命名或更改图层名称。

显示：设置图层中的内容是否显示在场景中。

锁定：设置是否可以编辑图层中的内容。

（2）类型

一般：设置该层为普通层。这是默认的层类型。

引导层：设置该层为运动引导层。这种类型的层能引导与之相链接的、任意层中的过渡动画。有关引导层的讲解请参见本章8.3节。

被引导层：设置该层为被引导层，意思是它被链接到运动引导层。只有当该层在运动引导层或另一个链接的被引导层的正下方时，该选项才可用。

遮罩层：允许用户把当前层类型设置成遮罩层。这种类型的层将遮罩与之相链接的任何层上的对象。有关遮罩层的讲解请参见本章8.4节。

被遮罩层：设置当前层为被遮罩层，这意味着它必须链接到一个遮罩层上。只有该层在遮罩层或另一个链接的被遮罩层的正下方时，该选项才可用。

文件夹：设置当前图层为文件夹形式，将清除该图层所包含的全部内容。

（3）轮廓颜色

轮廓颜色：用于设置该图层上对象轮廓的颜色。

将图层视为轮廓：设置是否显示该图层上内容的轮廓。

（4）图层高度

可以设置图层的高度，这在图层中处理声音时很实用，有100%、200%和300%三种高度。图8-2-10所示为图层以300%高度显示的效果。

图8-2-10

8.3　引　导　层

在绘图时为了帮助对齐对象，可以创建引导层。然后将其他图层上的对象与在引导层上创建的对象对齐。引导层不会出现在发布的Flash影片中。可以将任何图层用作引导层。引导层是用图层名称左侧的格尺图标标示的，如图8-3-1所示。

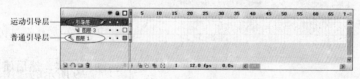

图8-3-1

在Flash中，引导层分为普通引导层和运动引导层两种，其中普通引导层以直尺图标表示，主要起到辅助静态定位作用；运动引导层以弧线图标标示，在制作动画时起到路径引导作用，是Flash制作沿曲线运动动画的必备工具。

8.3.1　普通引导层

创建普通引导层的操作如下：

图 8-3-2

移动鼠标指针到目标图层，单击鼠标右键，在弹出的图 8-3-2 所示的菜单中选择"引导层"命令，即可将该图层设为普通引导层。

普通引导层多用于创建版式、布局。引导层不会被输出，也就是说，在最终动画中不会显示引导层的内容。如果用户需要，可以在一个场景或动画中使用多个引导层。

引导层有着与普通层同样多的状态。因此，可以用同样的方法隐藏或锁定引导层。

8.3.2 运动引导层

运动引导层可用来绘制运动路径，然后使用补间动画功能让元件、组合及文本沿着路径运动。

可同时将多个图层链接到同一个运动引导层。链接到运动引导层的图层就成为被引导层。

可像操作普通层一样重新安排引导层的位置，任何同它链接的层都将随之移动，以保持彼此间的引导关系。

1.创建运动引导层

下面通过实例说明创建运动引导层的过程。

（1）新建一个文档。

（2）单击"时间轴"窗口左下角的"添加运动引导层"按钮，创建运动引导层，结果如图 8-3-3 所示。

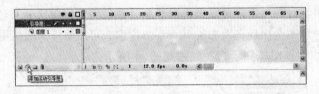

图 8-3-3

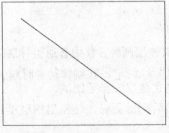

（3）选择运动引导层，然后使用线条工具在舞台中绘制一条直线，如图 8-3-4 所示。

图 8-3-4

（4）单击时间轴面板中引导层的第 30 帧，然后按 F5 键插入帧。

（5）单击时间轴引导层的锁定点，锁定引导层，结果如图8-3-5所示。

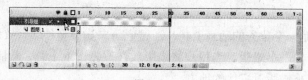

图8-3-5

注：被锁定的图层中所有内容无法被编辑。在时间轴中被锁定的图层，会有一个锁状的锁定标识。

（6）单击时间轴中图层1的第1帧。选择椭圆工具，单击工具箱中的"对象绘制"按钮，使用对象绘制，绘制出一个圆形，结果如图8-3-6所示。

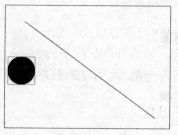

图8-3-6

注：此处的图像必须是一个完整的对象，如图像、组合或是存放于库中的组件。而不能是分散的矢量图。

（7）选择工具箱中的选择工具，单击工具箱中的"贴紧至对象"按钮，然后移动圆形的中心与运动引导层的直线左端点对齐。

（8）单击时间轴面板中图层1的第30帧，按F6键插入关键帧。

（9）使用选择工具，移动圆形与引导层的直线右端点对齐。

注：仔细检查圆形的中心与引导层中直线的起点和终点是否对齐。一定要对齐起点和终点，否则不会按引导线运动。对齐对象时可单击选择工具箱选项栏中的"贴紧至对象"按钮。

（10）单击图层1的第1帧。如图8-3-7所示，在属性面板中设置补间为"动画"，这样，图像就可以按照设定路径运动了。

图8-3-7

按Enter键，查看当前图像沿路径运动的情况。

2.建立和取消与其他图层的链接

普通图层与运动引导层建立链接的操作如下：

（1）单击时间轴面板中需要与运动引导层建立链接的普通图层。

（2）拖动该图层到运动引导层的正下方，然后释放鼠标，该图层被链接到运动引导层。

取消与运动引导层的链接关系的操作如下：

（1）选择需要取消与运动引导层链接关系的图层。

（2）拖动该图层到运动引导层的上方，然后释放鼠标，完成取消与运动引导层的链接。

8.4 遮罩层

Flash 的遮罩层是一个优秀的动画工具，通过它可以获得多种动画效果。

可以把遮罩层看作一个蜡版。当用户将蜡版放在一张图纸上时，蜡版下面的图纸被遮罩住，只会显示出没有被蜡版遮罩住的地方。

在 Flash 中可以创建动态的遮罩效果。对于用作遮罩的填充形状，可以使用形状渐变；对于文字对象、图形实例或影片剪辑，可以使用补间动画。当使用影片剪辑实例作为遮罩时，可以让遮罩沿着引导路径运动。

8.4.1 创建遮罩层

与运动引导层一样，遮罩层也可以与任意数量的被遮罩层相链接。仅那些与遮罩层相链接的图层会受其影响。

图 8-4-1

创建遮罩层的操作步骤如下：

（1）创建一个普通图层，并在上面画出将要透过遮罩显示的图形或者文本，如图 8-4-1 所示。

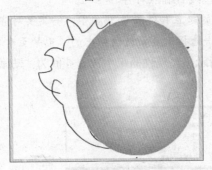

图 8-4-2

（2）单击"插入图层"按钮，新建一个层，该层位于步骤（1）创建的图层上面。

（3）在新建层上创建一个填充区域，如图 8-4-2 所示。

图 8-4-3

（4）在该层上单击鼠标右键，从弹出的快捷菜单中选择"遮罩层"命令，如图 8-4-3 所示。

（5）建立遮罩层后，位于遮罩层下方的图层自动与遮罩层链接，如图8-4-4所示。

图8-4-4

（6）结果如图8-4-5所示。

Flash 提供了两种使普通层与遮罩层相链接的方法。在时间轴面板中，把已经存在的普通层拖动到遮罩层下方；在遮罩层的下方创建新图层。被遮罩的层会向右缩进，表示被遮罩。

图8-4-5

8.4.2 取消遮罩层

取消一个普通层与遮罩层的链接，有以下3种方法：

（1）在时间轴面板中，把链接的图层拖动到遮罩层上面。

（2）执行"修改→时间轴→图层属性"命令，在打开的"图层属性"对话框中选择"一般"选项。

（3）在遮罩层上单击鼠标右键，从弹出的快捷菜单中选择"遮罩层"命令，取消前面的"√"号。

注：在创建遮罩层的同时，Flash会锁定遮罩层和被它遮罩的层。如果需要编辑遮罩层，应先解除锁定，再进行编辑，但是，解锁后将不会显示遮罩效果；如果需要显示遮罩效果，则必须再锁定遮罩层和被遮罩层。

8.5 小 结

本章详细讲解了时间轴面板中有关图层的知识。通过本章的学习，读者不仅应当掌握图层的新建和删除等基础操作，而且应当熟练使用特殊图层如运动引导层、遮罩层来制作动画效果。

8.6 练 习

填空题

（1）图层种类有＿＿＿＿、＿＿＿＿、＿＿＿＿。

（2）图层的显示状态有＿＿＿＿、＿＿＿＿、＿＿＿＿、＿＿＿＿。

问答题

　　（1）简述引导层的作用。
　　（2）简述遮罩层的作用。

上机练习

　　（1）练习新建普通图层、引导层和遮罩层操作。
　　（2）练习命名图层、移动图层和删除图层操作。
　　（3）练习隐藏图层、锁定图层等操作。
　　（4）使用运动引导层制作一个人物行走的动画。

思考题

　　如何使用遮罩层制作一个光照效果？

第9章 元 件

通过本章，你应当：

（1）了解元件的作用。

（2）掌握元件的创建和使用。

（3）理解元件实例。

Flash元件是制作动画过程中的重要工具。元件被存放在库中，通过库面板可以对元件进行管理。图9-0-1所示为库面板和库中的一个按钮元件。

图 9-0-1

元件可以被重复调用。被调用的元件成为一个独立的元件实例。同一元件的不同实例可以拥有不同的属性。

制作元件时，可以使用Flash的所有制作功能，通过元件可以制作出非常复杂的动画。

9.1 元 件 简 介

9.1.1 元件的作用

（1）可以使图形、按钮和影片剪辑成为一个相对独立的个体存在。

（2）避免重复劳动，以元件形式存放在库中，需要时可反复调用。

（3）可以减小影片文件的大小，重复调用一个元件比将该元件内容以拷贝形式放至影片的不同位置所占用的存储空间要小得多。

（4）使用元件可以加快影片播放速度，因为元件只需下载到 Flash Player 中一次。

（5）调用元件时，就形成了元件实例。元件实例的外观和动作无需和库中元件一样，每个元件实例都可以有不同的颜色和大小，并提供不同的交互作用。

（6）在库中编辑元件会更新该元件的所有实例，在舞台中修改元件实例仅影响到正被修改的元件实例，而不会影响元件本身。

9.1.2 元件的类型

Flash 的元件分为 3 种类型，分别为图形、按钮和影片剪辑。

（1）图形：静态图片。

（2）按钮：按钮实际上是 4 帧的交互影片剪辑，它仅对鼠标动作作出反应。

（3）影片剪辑：影片剪辑是包含在 Flash 影片中的影片片段，有自己的时间轴和属性。

元件实例允许嵌套，既可以将影片剪辑放置到按钮中，也可以将按钮和图形放入到影片剪辑中，但是元件不能放入到自身中。

9.2 创 建 元 件

创建元件时，可以把舞台中的对象转换为元件，也可以直接创建一个空白元件。然后进入到元件编辑模式，编辑该元件的内容。

9.2.1 创建图形元件

图形元件是静态的图形或图像。

1.导入图形元件

导入图形元件的操作如下：

（1）单击"文件→导入→导入到库"命令，打开"导入到库"对话框。

（2）在"导入到库"对话框中选择所需的图形和图像文件。单击"打开"按钮将文件导入到库中。

被导入到库中的图形和图像文件自动变为图形元件。

2.转换图形元件

转换图形元件的操作步骤如下：

（1）选择舞台中的一个图形或图形的一部分。

图 9-2-1

（2）将鼠标指针移至该部分，单击鼠标右键，在弹出的菜单中选择"转换为元件"。弹出如图 9-2-1 所示的"转换为元件"对话框。

（3）在"转换为元件"对话框的"名称"栏中输入元件的名称，选择"类型"栏中的"图形"选项，在"注册"项中单击设定注册点，单击"确定"按钮完成元件转换。

注：注册点是元件编辑界面中坐标为（0，0）的坐标点。这里设置的注册点，即转换为元件的对象与注册点对齐的方式。

3.新建图形元件

新建图形元件的操作步骤如下：

（1）执行"插入→新建元件"命令，打开图9-2-2所示的"创建新元件"对话框。

图9-2-2

（2）在"创建新元件"对话框的"名称"栏中输入新建元件的名称，在"类型"栏中选择"图形"选项，单击"确定"按钮进入到如图9-2-3所示的元件编辑界面中。

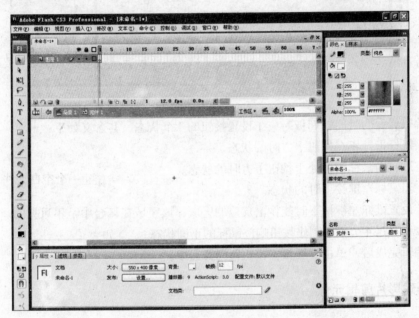

图9-2-3

（3）在图9-2-3所示的元件编辑界面中编辑新的图形元件（此时可使用前面讲到的绘图、图像的导入等方面知识）。

注：元件编辑界面中心的十字型光标就是注册点。它的坐标被定为（0，0）。

（4）元件编辑完成后，单击"场景"按钮回到舞台场景中。

9.2.2 创建按钮元件

按钮元件可以对鼠标的动作作出反应。

创建按钮元件的操作步骤如下：

（1）单击"插入→新建元件"命令，打开"创建新元件"对话框。

（2）在"创建新元件"对话框的"名称"栏中输入按钮元件的名称，在"类型"栏中选择"按钮"选项，单击"确定"按钮进入到如图 9-2-4 所示的按钮编辑界面中。

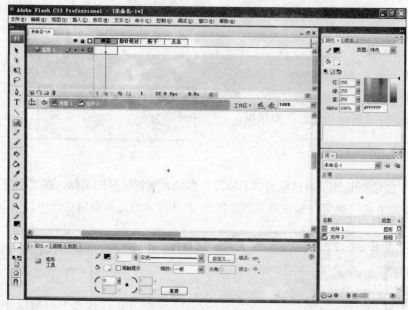

图 9-2-4

按钮编辑界面的时间轴面板对应了设置按钮的 4 个状态，其含义如下：

弹起：鼠标指针不在按钮上方时的状态。

指针经过：当鼠标指针处于按钮上方时的状态。

按下：当鼠标左键按下时的状态。

单击：设置鼠标左键按下时能作出反应的区域，该区域在舞台中是不可见的。

（3）分别在这 4 个帧中制作按钮响应鼠标的不同状态。

（4）编辑完成后，单击"场景"按钮回到舞台中。

9.2.3　创建影片剪辑元件

影片剪辑元件是非常重要的，它拥有独立的时间轴，它的播放与主时间轴没有直接关系。

1.影片转换为影片剪辑元件

将现有的影片转换为影片剪辑元件的操作步骤如下：

图 9-2-5

图 9-2-6

（1）如图 9-2-5 所示，在场景的时间轴中选择需要转换为影片剪辑元件的帧。

（2）移动鼠标指针到被选中的帧，单击鼠标右键，在弹出的快捷菜单中选择"复制帧"。

（3）执行"插入→新建元件"命令，打开"创建新元件"对话框。

（4）如图 9-2-6 所示，在"创建新元件"对话框的"名称"栏中输入元件的名称，在"类型"栏中选择"影片剪辑"选项，单击"确定"按钮，进入元件编辑界面。

（5）将鼠标指针移至时间轴的目标帧位置单击鼠标右键，在弹出的菜单中选择"粘贴帧"，完成操作。

2.新建影片剪辑

新建影片剪辑元件的操作步骤如下：

（1）单击"插入→新建元件"命令，打开"创建新元件"对话框。

（2）在"创建新元件"对话框的"名称"栏中输入影片剪辑的名称，在"类型"栏中选择"影片剪辑"选项，单击"确定"按钮进入"影片剪辑"编辑界面中。

（3）在"影片剪辑"编辑界面中使用本书第7章讲述的建立动画的方法建立"影片剪辑"动画。

完成后单击时间轴上方编辑栏中的"场景"按钮回到场景中，完成编辑。

9.2.4 从其他影片中导入元件

从其他影片中导入元件的操作步骤如下：

（1）单击"文件→导入→打开外部库"命令，打开如图9-2-7所示的"作为库打开"对话框。

（2）在"作为库打开"对话框中选择目标Flash文件，单击"确定"按钮。所选文件中的元件会以新建库面板形式打开。

图9-2-7

9.3 编辑元件

编辑元件主要是通过库面板进行相关的操作。

通过库面板可以执行新建、复制、删除、查看、修改等操作。

9.3.1 库面板

执行"窗口→库"命令，打开如图9-3-1所示的库面板。库面板下方提供了"新建元件"、"新建文件夹"、"属性"和"删除"4个按钮。它们的使用方法如下：

单击"新建元件"按钮可以新建一个元件。新建元件的具体方法请参见本章9.2节。在9.2节中新建元件的方法是执行"插入→新建元件"命令，这里是单击"新建元件"按钮，之后的操作是一样的。

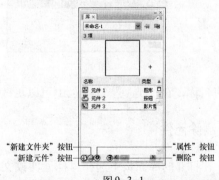

图9-3-1

单击"新建文件夹"按钮，可以在库面板中新建一个文件夹，并可以把同类元件拖入到同一个文件夹中。

单击"属性"按钮，打开属性对话框，属性对话框中显示当前库面板中元件的属性，可以在该对话框中修改元件的属性。

单击"删除"按钮可将库面板中的当前元件删除。

9.3.2　新建文件夹

1.新建文件夹的操作如下：

图9-3-2

（1）单击库面板中的"新建文件夹"按钮，在库面板中新建一个"未命名文件夹1"，如图9-3-2所示。

（2）输入文件夹名称，按Enter键完成操作。

2.将元件移入文件夹的操作如下：

将鼠标指针移至目标元件，按住鼠标左键将元件拖到文件夹图标上，释放鼠标左键，元件即被移入到该文件夹中。

3.打开和关闭文件夹的操作如下：

双击文件夹可以打开或关闭含有元件的文件夹。

4.将元件移出文件夹的操作如下：

（1）双击文件夹，打开文件夹。

（2）将元件拖动到文件夹外，释放鼠标左键完成操作。

9.3.3　设置元件属性

设置元件属性的操作如下：

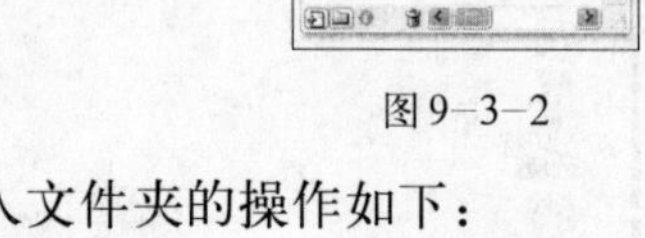

图9-3-3

（1）单击库面板中"元件属性"按钮。

（2）打开如图9-3-3所示的"元件属性"对话框。

（3）在对话框的"名称"栏中可以更改当前元件的名称，在"类型"选项栏中可以更改元件的类型。

9.3.4　删除元件

（1）在打开的库面板中选择目标元件或文件夹。

（2）单击库面板中的"删除"按钮，删除选中的元件或文件夹。

注：删除文件夹时，会删除文件夹中的所有元件。

9.3.5 复制元件

（1）移动鼠标指针到库面板中需要复制的元件上，单击鼠标右键，在弹出的菜单中单击"直接复制"命令，打开如图9-3-4所示的"直接复制元件"对话框。

图9-3-4

（2）在"直接复制元件"对话框的"名称"栏中设置复制元件的名称，在"类型"栏中设置复制后的元件类型，设置完成后单击"确定"按钮完成复制。

回到库面板中可以查找到复制的新元件。

9.3.6 编辑元件

在Flash动画的制作过程中，有时需要对应用到场景中的元件进行编辑。

元件的修改将会影响到元件本身和所有被放置到场景中的元件实例。

编辑元件有3种方式：编辑、在当前位置编辑、在新窗口中编辑。

1.编辑元件的操作如下：

（1）按"Ctrl+L"组合键打开库面板。

（2）在库面板中双击目标元件，进入到如图9-3-5所示的元件编辑模式。或移动鼠标指针到舞台中的元件实例，单击鼠标右键，在弹出的菜单中选择"编辑"。

图9-3-5

在编辑模式下编辑元件，只有选中的元件显示在编辑窗口中，如图9-3-5所示。

2.在当前位置编辑元件的操作如下：

（1）移动鼠标指针到舞台中的目标元件实例，单击鼠标右键，弹出快捷菜单。

（2）在打开的快捷菜单中，选择"在当前位置编辑"。

在"当前位置编辑"模式下，当前场景中的所有对象全部被显示出来，但只有选中的元件可以被编辑，如图9-3-6所示，其他非编辑状态的对象呈浅色显示。

图9-3-6

3.在新窗口中编辑元件的操作如下：

（1）移动鼠标指针到舞台中的元件实例，单击鼠标右键，弹出快捷菜单。

（2）在快捷菜单中选择"在新窗口中编辑"，打开一个新的工作窗口，在该窗口中只有选中的元件，如图9-3-7所示。

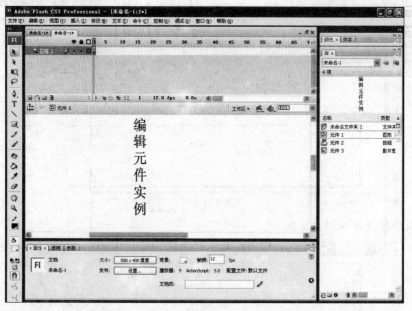

图9-3-7

进入元件编辑方式后，使用Flash提供的工具，就可以对元件进行编辑，如改变元件的颜色、大小、位置，对元件进行变形、添加、删除元素等操作。

9.3.7　在库面板中查看元件

（1）执行"窗口→库"命令，打开库面板。

（2）选择库面板中需要查看的元件。

（3）在库面板的上半部分会显示该元件的缩览图。

注：若元件类型是"按钮"或"影片剪辑"，在预览图边上会有停止和播放按钮。单击"播放"按钮查看"按钮"或"影片剪辑"的播放状态。单击"停止"按钮停止元件预览图的播放。

9.4　元件实例

应用到场景中或其他元件中的元件称为元件实例。

9.4.1　创建元件实例

将元件应用到场景中或其他元件中就是创建元件实例。创建元件实例的操作步骤如下：

（1）在时间轴上选择一个层。

（2）执行"窗口→库"命令，打开库面板。

（3）从库面板中拖动目标元件到舞台中，被拖动到舞台的元件就是库中该元件的实例。

9.4.2　设置元件实例

实例来源于元件，但每个实例都可以拥有独立的属性。例如，可以设置实例的颜色、透明度和亮度，重新定义实例的类型，调整实例的大小，改变实例的形状，对实例进行变形等。这些属性的修改不会影响库中的元件本身。

1.设置实例的颜色和透明度

使用属性面板可以设置实例的颜色和透明度。

选择舞台中的元件实例，在属性面板中显示了该元件实例的属性，如图9-4-1所示。

图9-4-1

属性面板中各项设置的含义如下：

颜色：可以设置元件实例的色彩样式。单击"颜色"栏会弹出图9-4-2所示的选择菜单。

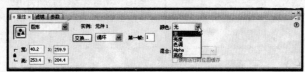

图9-4-2

"颜色"栏的菜单中有 5 个选项，其含义如下：

无：元件实例不设置自己的颜色效果，实例使用的颜色效果与元件的颜色效果一样。

亮度：可以调节图像的相对亮度，范围是从黑（−100%）到白（100%）。单击该栏右侧的下拉按钮，拖动弹出的滑块设置亮度值；或者在文本框内输入一个值来调节亮度，如图 9−4−3 所示。

图 9−4−3

色调：可以设置实例的颜色。通过分别设置 RGB 的值，从而设置所选实例的颜色，如图 9−4−4 所示。

图 9−4−4

Alpha：可以设置实例的透明度，从透明（0%）到完全不透明（100%）。单击该栏右侧的下拉按钮，拖动弹出的滑块设置透明度；或在文本框内输入一个值来设置透明度，如图 9−4−5 所示。

图 9−4−5

高级：可以设置实例的颜色和透明度。在创建和制作具有色彩变化效果的动画时，该项非常实用。如图 9−4−6 所示，当选择"高级"选项时，属性面板上将多出一个"设置"按钮。

图 9−4−6

选择"高级"选项，单击"设置"按钮，会弹出如图 9−4−7 所示的"高级效果"对话框。

图 9−4−7

在该对话框中，左侧的控件用以按指定的百分比降低颜色或者透明度的值；右侧的控件使用户可以按常数值降低或者增大颜色或透明度的值。

颜色的计算方法是将当前红、绿、蓝和 Alpha 的值都乘以左侧的百分比值，然后加上右侧中的常数值，产生新的颜色值。例如，如果当前红色值是 100，把左侧的滑块设置到 50%，并把右侧滑块设置到 100，就会产生一个新的红色值 150（[100 × 0.5]+100=150）。

2.交换元件实例

Flash 中，可以使用新的元件实例替换旧的实例，并且新的元件实例拥有旧的元件实例的所有属性。交换元件实例的操作步骤如下：

（1）新建文件，按"Ctrl+L"组合键打开库面板。单击库面板中的"新建元件"按钮，新建一个名为"文字 1"的图形元件，在编辑元件工作区中使用文字工具输入"交换"。

（2）用同样的方法新建名为"文字 2"的图形元件，文字内容为"被交换"。

（3）单击时间轴下方编辑栏中的"场景 1"按钮回到舞台。把库中的"文字 1"元件拖入到舞台中，如图 9-4-8 所示。

图 9-4-8

（4）在场景中选择实例，然后在属性面板中按图 9-4-9 所示设定当前元件属性。

图 9-4-9

（5）单击属性面板上的"交换"按钮，打开图 9-4-10 所示的"交换元件"对话框。

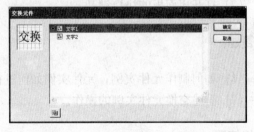

图 9-4-10

（6）在该对话框中选择另一个元件"文字 2"，替换原选择的元件实例。

（7）选择后，单击"确定"按钮完成替换。

（8）结果如图 9-4-11 所示，此时替换元件实例的属性与被交换元件实例的属性保持一致。

图 9-4-11

3.改变实例类型

用户可以改变实例的类型来重新定义它在动画中的行为。例如，如果一个图形实例包含一个独立于主影片的时间轴播放的动画，用户可以将该图形实例重新定义为影片剪辑实例。

操作步骤如下：

（1）在舞台上选择目标实例。

（2）如图9-4-12所示，在属性面板的"元件类型"菜单中选择实例的类型。

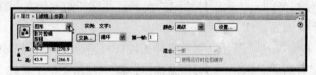

图9-4-12

9.5 小 结

本章介绍了元件的使用。通过本章的学习，读者应该掌握元件的编辑和使用方法。对于本章讲述的知识应反复练习，以理解和掌握元件实例的作用。

9.6 练 习

填空题

（1）元件的种类有————、————、————。

（2）打开库面板的快捷键是————。

问答题

（1）如何制作元件实例，元件实例如何进行转换？

（2）简述交换元件实例的操作。

上机练习

（1）制作一个逐帧动画的影片剪辑元件。

（2）制作一个按钮元件。

第 10 章　声　音

通过本章，你应当：

（1）学会导入声音。

（2）学会编辑声音。

Flash 本身无法创建声音，但可以从外部导入声音文件，并可以对导入的声音文件进行简单的编辑。导入的声音文件存放在库中，需要时可从库中调用。

10.1　声　音　简　介

Flash 允许用户添加声音，并对声音进行操作。用户可以为按钮元件添加声音效果，也可以制作一个自定义的音乐音轨作为背景音乐，还可以在动画中对可视元素和声音进行同步设置，从而制作一个完整流畅的动画影片。

Flash 中的声音分为两种类型，即事件和数据流。

10.1.1　事件

事件声音在播放之前必须完全下载，它可以连续播放，直到有明确的停止命令时才会停止播放。可以把事件声音用作按钮元件的声音，也可以把它作为循环的音乐，放在任意一个希望从开始播放到结束而不中断的地方。事件声音有以下几个特点：

（1）必须完整下载才能播放。如声音文件过大，将造成下载时间过长。无法做到边播放边下载。

（2）事件声音下载完成后，可以重复播放。

（3）一旦事件声音被触发，无论发生什么，事件声音都会从开始播放到结束。不管动画是否放慢了速度，其他事件声音是否正在播放，还是影片结构把观众带到了作品的另一部分，它都会继续播放。

（4）事件声音只需插入到一个帧中，声音就可以完整地加入到动画中。

10.1.2　数据流

数据流声音在下载的同时就可以播放，并且能和影片的时间轴同步。可以把数据流声音用于音轨或声轨中，以便声音与动画中的可视元素同步，也可以把它作为只使用一次的声音。数据流声音有以下几个特点：

（1）可以和影片时间轴同步，能够保证影片中画面与声音完全吻合，如人物对话等画面。

（2）允许边下载边播放。

（3）只在其占有时间轴的帧中播放，如果声音的播放长度超出占有帧的长度，那么仅播放占有帧长度的那段声音。

用户可以在作品中以不同的方式重复使用导入到 Flash 中的声音，还可以将某个声音文件在某个地方用作事件声音，在另一地方用作数据流声音。也就是说应用到舞台中的声音，是一个声音实例，因为声音实例仅仅是原始声音（存放在库中的声音）的一个拷贝，所以对声音实例的任何设置都不会影响到其他实例对原始声音的调用。

当把声音实例应用到影片时，需要决定声音实例的类型，即事件还是数据流。

10.2 导 入 声 音

为了使动画形象更加生动，可以在动画中添加声音。

在 Flash 中添加声音，首先应准备好声音文件。因为 Flash 中不能录制声音，所以必须使用其他设备和软件处理声音文件，或者使用现有的声音文件。

从音效的角度考虑，可以导入 22kHz、16 位立体声音格式。从文件大小上考虑，可导入 8kHz、8 位单声道声音格式。Flash 可以导入 WAV（Windows）、AIFF（Macintosh）和 MP3 格式的声音文件。

导入的声音文件保存在库中。与元件一样，应用导入的声音文件实际上是建立了一个声音实例。在向动画中添加声音时，最好为声音单独创建一个图层。在导出动画时，声音的采样频率和压缩率会影响声音的质量和大小。用户可以通过"声音属性"对话框控制声音的导出质量和大小，也可以在"发布设置"对话框中对动画中的所有声音进行设置。

10.2.1　导入声音到库中

导入到当前 Flash 文档库中的声音，并不直接显示在时间轴上，而是表现为元件的形式。声音文件导入到库中后，用户使用时可以应用全部声音，也可以仅使用其中的一部分重复地放入动画中的不同位置，这并不会显著地影响文件大小。

导入声音到库中的操作步骤如下：

（1）启动 Flash CS3，新建 Flash 文档。

（2）执行"文件→导入→导入到库"命令，打开图 10-2-1 所示的"导入到库"对话框。

图 10-2-1

（3）在"导入到库"对话框中选择声音文件后单击"打开"按钮，将声音导入。

（4）导入的声音被放在库中。如图 10-2-2 所示，按"Ctrl+L"组合键打开库面板，其中显示了导入到库的声音文件。选择库面板中的目标声音文件，再单击库面板的"播放"按钮，可以播放声音文件。

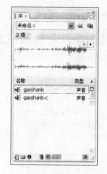

声音文件导入到库中后，就成为当前 Flash 文档的一部分。也就是说，导入的声音文件越大，Flash 文件也就越大。

图 10-2-2

10.2.2　将声音添加到工作区中

使用声音时，需要将声音从库面板中拖到舞台中。

将声音添加到 Flash 动画中的操作步骤如下：

（1）单击时间轴面板的"插入图层"按钮，新建一个存放声音的图层，命名该图层为"声音"。

注：把声音放置在单独的一层，便于管理和编辑 Flash 文档中的声音。

（2）选择"声音"图层，将声音从库面板中拖到舞台中，声音就添加到当前层中了。

为了查看是否添加成功，可以用鼠标在当前帧后方单击，然后按 F5 键插入空白帧，查看时间轴上的声音波形，如图 10-2-3 所示。

可以把多个声音放在同一个图层中，或放在包含其他对象的图层中。但是，建议每个声音实例都拥有独立的图层，这样更方便声音的处理。

图 10-2-3

10.3　设　置

声音添加到工作区中以后，就可以对声音进行编辑，设置其属性。

双击库面板中的目标声音文件图标，打开图 10-3-1 所示的"声音属性"对话框。通过该对话框，可以查看和设置声音的属性。

在"声音属性"对话框中，顶部的文本框中显示了声音文件的名称，名称栏下方显示了声音文件的相关信息，名称栏左边是声音的波形。

该对话框中各项的含义如下：

更新：单击该按钮，可更新声音的属性。

导入：单击后打开"导入声音"对话框，使

图 10-3-1

用该对话框可以更换声音文件。

测试：单击后按照新的属性设置来播放声音。

停止：单击后使声音停止播放。

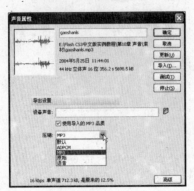

图10-3-2

在该对话框中，通过"压缩"下拉列表框，可以选择声音的压缩方式。如图10-3-2所示，在"压缩"下拉列表框中，有5个选项。

1.默认

"默认"选项表示在整个动画输出设置中采用发布设置中的声音压缩设置。此设置没有任何附加选项可供选择。

2.ADPCM

"ADPCM"选项用来设置16位声音数据的压缩。当导出较短小的事件声音（例如单击按钮的声音）时即可使用该设置。

图10-3-3

在选择ADPCM之后，将显示"预处理"的"将立体声转换为单声道"、"采样率"和"ADPCM位"等几个选项，如图10-3-3所示。

这些选项的含义如下所述。

将立体声转换为单声道：将立体声转换成单声。单声道声音将不受该选项的影响。

采样率：设置导出文件的采样频率。采样频率越高，声音的保真效果越好，文件也越大。降低采样频率可以节省磁盘存储空间。无论是单声道还是立体声，都可以包含以下采样频率：

5kHz：对于音乐来说，几乎不可接受，严重失真，只用于语音。

11kHz：小段音乐的最低采样频率，是标准CD采样频率的1/4。

22kHz：Web播放的流行选择，是标准CD采样频率的1/2。

44kHz：标准CD音频采样频率。

ADPCM位：决定在ADPCM编码中使用的位数。压缩比越高，声音文件越小，音效越差。其中，2位是最小值，音效最差，5位是最大值，音效最好。

3.MP3

如果选择MP3选项，则允许导出使用MP3压缩的声音。

在需要导出较长的流式声音（例如音乐音轨）时，即可使用该选项。选中MP3压缩方式之后，如果勾选"使用导入的MP3品质"复选框，则声音将保留导入的MP3的设置。如果不勾选该复选框，则将显示"预处理"、"比特率"和"品质"选项，如图10-3-4所示。

这些选项的含义如下：

预处理：在比特率为16Kbps或更低时，"预处理"右侧的"将立体声转换为单声道"复选框显示为灰色，表示不可用，只有比特率高

图10-3-4

于16Kbps时，该复选框才有效。因为声音的比特率小于16Kbps或更低时，都是单声道声音。

比特率：决定由MP3编码器生成的声音的最大比特率。MP3比特率参数只在选择了MP3编码作为压缩选项时才会显示。在导出音乐时，将比特率设置为16Kbps或更高以获得最佳效果。该选项最低值为8Kbps，最高值为160Kbps。

品质：允许在"快速"、"中"和"最佳"之间进行选择。品质越高，文件就越大。如果要将动画发布到Web站点上，则可以使用"快速"设置；反之，如果要在本地硬盘或CD上运行动画，则可以使用"中"或"最佳"选项。

4.原始

如果选择"原始"选项，在导出声音过程中将不进行压缩。但是用户可以设置"将立体声转换为单声道"复选框和采样率，如图10-3-5所示。

各选项的含义如下：

将立体声转换为单声道：将立体声音转换成单声。如果原始声音为单声道则不受该选项的影响。

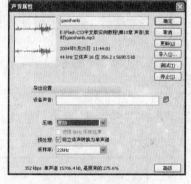

图10-3-5

采样率：设置导出文件的采样频率。与ADPCM选项下的采样频率选项含义一样，也具有5kHz、11kHz、22kHz、44kHz四个采样频率。

5.语音

如果选择"语音"选项，在导出声音过程中将不进行压缩。用户只能设置采样率，如图10-3-6所示。

该选项下的采样率选项含义与前面所述相同。

图10-3-6

10.4 编辑声音

声音添加到舞台后，时间轴的当前层中会出现声音波形。单击时间轴中声音所在图层，或单击显示声音波形的目标帧，然后在图10-4-1所示的属性面板中可以对声音进行以下操作。

图10-4-1

10.4.1 选择声音

在"声音"下拉列表中，显示了当前库中所有的声音文件，如图10-4-2所示。

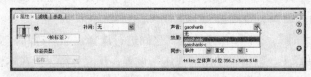

图10-4-2

当选择某一个声音文件后，面板上将显示出该文件的采样率、立体声或单声道、位数、播放时间和文件的字节数等信息。

10.4.2 选择声音效果

在该面板的"效果"下拉列表框中，提供了各种播放声音效果的选项，如图10-4-3所示。

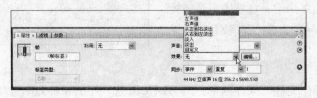

图10-4-3

这些选项的含义如下：

无：不加任何效果。

左声道：只播放左声道声音。

右声道：只播放右声道声音。

从左到右淡出：将声音从左声道切换到右声道。

从右到左淡出：将声音从右声道切换到左声道。

淡入：在声音播放过程中，逐渐增大声音。

淡出：在声音播放过程中，逐渐减小声音。

自定义：用户自定义声音效果。

10.4.3　同步方式

在该面板中的"同步"下拉列表框内提供了 4 种声音的同步技术，如图 10-4-4 所示。

图 10-4-4

（1）事件：可使声音与某一个事件同时播放。当动画播放到引入声音的帧时，开始播放声音，而且不受时间轴的限制，直到声音播放完毕。

（2）开始：当动画播放到导入声音的帧时，声音开始播放。如果声音播放中再次遇到导入的同一声音帧时，将继续播放该声音，而不重新播放再次导入的声音。

例如，一段帧的循环，其中某帧带有开始方式的一段音乐，播放后，当循环再次到达该帧时，如果音乐没有播放完毕，则继续播放，如果已经播放完毕，则重新开始播放。

（3）停止：使指定的声音停止。当有多个声音事件同时播放时，可指定一个为静音。

（4）数据流：在该方式下，Flash 将强制声音与动画同步，即将声音完全依附在帧上。当动画开始播放时，声音也随之播放；当动画停止时，声音也随之停止。

选择数据流方式后，如果网络速度慢，动画有停顿，那么声音也将有停顿，和动画一样断断续续。所以在选择声音方式时，要考虑各种因素。

10.4.4　设置循环播放的次数

在该面板中有一个"重复"文本框，该文本框是用于控制声音的循环播放次数的。要设置某个声音的播放次数，只需在该声音的"重复"文本框中输入循环播放的次数，如图 10-4-5 所示。

图 10-4-5

10.4.5　编辑声音

单击属性面板上的"编辑"按钮，打开图 10-4-6 所示的"编辑封套"对话框。在该对话框中，可以对声音进行简单的处理。

编辑后，可以单击该窗口左下角的"播放"按钮，试听编辑后的声音效果。

编辑封套对话框分为上下两个部分，上边代表左声道，下边代表右声道。在左声道或右声道窗口中单击，可以增加一个方形控制柄，

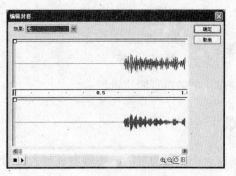

图 10-4-6

方形控制柄之间由直线连接。拖动各方形控制柄，可以调整两个方形控制柄之间的声音大小，直线越靠上，声音的音量越大。

编辑封套对话框中的各项设置含义如下：

（1）选择声音效果：单击该栏，在弹出的菜单中可以选择声音的播放效果。

（2）4个辅助按钮：在"编辑封套"对话框右下角有4个按钮。其作用如下（按从左到右顺序介绍）：

放大：单击后，可以放大显示的声音波形。

缩小：单击后，可以缩小显示的声音波形。

秒：单击后，可以使用时间单位秒来显示声音的长度。

帧：单击后，可以使用帧为单位显示声音的长度。

10.5　小　结

本章讲解了声音的编辑和使用方法等内容。声音可以视为特殊的元件，读者在学习过程中应重点掌握在 Flash 影片中加入并编辑声音的方法。

10.6　练　习

填空题

（1）元件的种类有＿＿＿、＿＿＿、＿＿＿。

（2）声音实例有＿＿＿、＿＿＿两种形式。

（3）元件和声音放在＿＿＿面板中。

问答题

（1）简述导入声音的方法。

（2）简述编辑声音实例的方法。

（3）简述事件声音格式和数据流声音格式的区别。制作人物对话等场景时使用哪种声音格式？

上机练习

制作一个带声音的按钮。

思考题

制作一小段人物对话，要求声音与人物动作相符。

第11章 创建 Flash 动画

通过本章，你应当：

(1) 了解制作 Flash 作品的流程。

(2) 了解制作 Flash 作品的注意事项。

(3) 学会影片浏览器的使用。

(4) 掌握时间轴特效的使用。

(5) 学会滤镜的使用。

学会 Flash 的各项功能后，应掌握 Flash 作品制作的过程，并在制作中能够综合使用 Flash 的各项功能来创建动画。

11.1 创建 Flash 作品的一般过程

制作 Flash 作品是一个过程。合理安排这一过程，注意过程中每一环节容易出现问题的地方，避免错误与重复劳动，在创作 Flash 动画时才会得心应手。

Flash 应用广泛，如动画短片、广告以及动态网页等，但创作作品的过程却基本相同。作品的制作流程如下：

(1) 整体构思和建立结构。

(2) 素材准备。如建立影片，绘制或者导入图像到库中。

(3) 设置关键帧，修改或者绘制关键帧内容。

(4) 对制作完成的作品进行测试和优化。

(5) 导出或发布作品。

(6) 将作品上传至 Web 服务器。

制作 Flash 作品时，建议把出现在舞台中的角色全部制作成元件，以便日后对这些角色的调用；把一些重要的角色放在不同的图层，以利于对动画的编排修正；将动态元素和静态元素分放在不同的图层中；对一些动作命令指向的关键帧应在属性面板中命名帧标签，因为在命令中使用帧标签时，只要该帧没有被删除，则无论该帧移至何处，其标签均指向该帧，命令的指向也不会发生混乱。

11.2 创建 Flash 作品的注意事项

在 Flash 作品的制作过程中，注意一些细节的操作可以减少作品中多余的数据，使整个作品简洁完美。在 Flash 作品制作过程中应该注意以下几点：

(1) 出现在舞台中的角色的长、宽属性。为了便于版面安排和准确定位，出场的角色与舞台应保持统一的长宽比例。

（2）关键帧的制作。关键帧决定作品的质量，应注意处理好关键帧间的衔接。

（3）用图层分隔动态元素和静态元素。制作作品时注意将静态元素（如背景等一些长时间保持不变的元素）和动态元素（如影片剪辑、补间动画等）分别放在不同的图层中。

（4）绘制线条时，节点应尽可能地少。应少用特殊线条类型绘制线条，如虚线、斑马线等。仅使用实线类型的动画，文件会较小。绘制完成后，选择该线条，执行"修改→形状→优化"命令，可以移除线条中的多余节点。

（5）字体样式。使用文本工具输入文字时，应限制字体的种类。

（6）声音文件。在向作品中添加声音文件时，最好使用MP3格式。MP3格式的文件数据量小，当不需要高质量音效时，可以将声音文件转为MP3格式。

（7）组合相关元素。在作品制作过程中，应将相关元素进行组合。例如，人物的头部、身体等部位是分开制作的，制作结束后应将它们组合。

（8）减少图形的矢量点。过多的矢量点会增加文件的数据量，降低动画的渲染速度。执行"修改→形状→优化"命令，可以减少图形的矢量点。

（9）元件实例的颜色效果。在属性面板中设置元件实例的颜色，减少透明度（Alpha）设置的使用。

（10）作品中文件间的调用。当作品调用文件时，需要注意文件之间的调用是否正确，作品完成后应仔细测试，避免出现无效链接。

11.3 影片浏览器

使用影片浏览器面板可以查看、组织、选择和修改文档内容。影片浏览器面板包含一个树形结构列表，该列表可以显示当前文档的所有内容。

11.3.1 影片浏览器简介

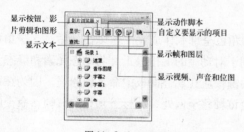

图 11-3-1

执行"窗口→影片浏览器"命令，打开如图11-3-1所示的影片浏览器，其各项含义如下：

显示文本：在列表中列出当前文档中的文本。

显示按钮、影片剪辑和图形：在列表中列出当前文档中的按钮、影片剪辑和图形。

显示动作脚本：在列表中列出当前文档中的动作脚本。

显示视频、声音和位图：在列表中列出当前文档中的视频、声音和位图。

显示帧和图层：在列表中列出当前文档中的关键帧和图层。

自定义要显示的项目：单击该按钮，会弹出如图 11-3-2 所示的"影片管理器设置"对话框。在对话框中，可以自定义影片浏览器面板中显示的对象。

图 11-3-2

"影片管理器设置"对话框分为"显示"和"上下文"两部分。

"显示"部分可以定义影片浏览器列表显示的内容。

"上下文"中有两个复选框：勾选"影片元素"，影片浏览器列表仅显示影片中被应用到的对象。勾选"元件定义"，影片浏览器列表会建立一个"元件定义"分支，该分支会列出所有应用到文档中的元件。

查找：在查找栏中输入查找对象的名称、标签，单击该按钮可以快速显示对象的位置。

折叠分支：单击折叠分支的"-"号，可以将打开的分支折叠。

展开分支：单击展开分支的"+"号，可以将折叠的分支展开。

11.3.2　在影片浏览器中编辑对象

在影片浏览器中编辑对象的操作步骤如下：

（1）单击"窗口→影片浏览器"，打开影片浏览器。

（2）在影片浏览器面板中选择需要编辑的对象。

（3）单击影片浏览器右上角弹出式菜单按钮，弹出如图 11-3-3 所示的选择菜单。

（4）选择相应命令，编辑当前对象。

图 11-3-3

弹出菜单中编辑命令的含义如下：

转到位置：使用该命令可以直接转至选择对象所在文档中的位置。

转到元件定义：如果选择的对象是一个元件实例，那么使用该命令会转至影片浏览器面板列表中"元件定义"分支中该元件处。

选择元件实例：如果在"元件定义"分支中选择一个元件，那么使用该命令，所有该元件的实例在影片浏览器中以阴影显示。

重命名：对所选对象进行改名。

在当前位置编辑：在当前场景中编辑该对象。

在新窗口中编辑：新建一个窗口编辑对象。

此菜单中的其他命令含义，在前面的章节中都有涉及，这里不再赘述。

11.4 时间轴特效

使用Flash提供的时间轴特效，可以轻松地制作出复杂的动画。

时间轴特效应用的对象有文本、图形（包括矢量图、组合对象和元件）。

注：对影片剪辑类型的元件应用时间轴特效时，Flash在影片剪辑内部嵌套特效。

11.4.1 添加时间轴特效

下面以实例说明添加时间轴特效的操作步骤：

图11-4-1

（1）新建一个文件。

（2）使用文本工具向舞台添加如图11-4-1所示的文字。

（3）单击时间轴面板的第一帧，单击"插入→时间轴特效→变形→转换→变形"命令，打开如图11-4-2所示的变形面板。

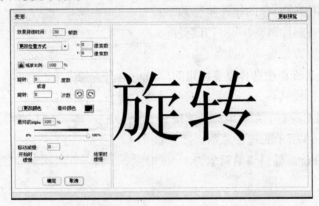

图11-4-2

（4）在变形面板中设定各项参数后，单击"更新预览"按钮，在变形面板中查看效果。

（5）对效果满意后单击"确定"按钮，完成设置。

11.4.2 设置时间轴特效

Flash内建的时间轴特效有：变形、转换、分布式直接复制、复制到网格、分离、展开、投影和模糊。

通过设置时间轴特效的参数，可以轻松获得所需效果。通过更新预览窗口可以快速预览生成的效果。

下面分别说明这几种时间轴特效的参数及设置方法。

1．变形

使用"变形"命令可以创建淡入／淡出、飞进／飞出、膨胀／收缩和左旋／右旋特效。

单击"插入→时间轴特效→变形→转换→变形"命令，打开变形面板，如图11-4-3所示，其各项参数含义如下：

图 11-4-3

效果持续时间：以帧为单位，设置效果的持续时间。

更改位置方式：有移动位置和更改位置两种方式。可以在 x 输入栏和 y 输入栏中输入偏移量，确定对象位移的最终位置（以像素为单位）。

缩放比例：锁定状态下，x 轴和 y 轴使用相同的比例缩放；解锁状态下，可以分别设置 x 轴和 y 轴的缩放比例。

旋转度数：设置对象的旋转角度。

旋转次数：设置对象的旋转次数。

更改颜色：勾选该复选框会改变对象的颜色；取消此复选框的勾选，不改变对象的颜色。

最终颜色：单击该按钮，可以指定对象最终的颜色。

最终的 Alpha：设置对象最终的 Alpha 值（透明度）。可以在它右侧的文本框中直接输入，也可以左右拖动下面的滑块进行调整。

移动减慢：可以设置开始时慢速，然后逐渐变快；或开始时快速，然后逐渐变慢。

2.转换

使用"转换"命令可以创建擦除和淡入淡出的渐变过渡特效。

单击"插入→时间轴特效→变形→转换→转换"命令，打开转换面板。如图11-4-4所示，其各项参数的含义如下：

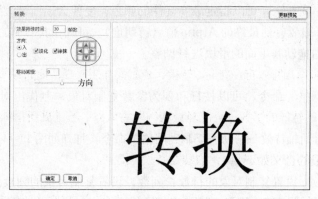

图 11-4-4

效果持续时间：以帧为单位，设置效果的持续时间。

方向：选择"入"或"出"并单击该项图标中的方向按钮，可以设置过渡特效的方向。

淡化：勾选此复选框和"入"选项，获得淡入效果；勾选此复选框和"出"选项，获得淡出效果；取消此复选框的勾选，不进行淡入淡出处理。

涂抹：勾选此复选框和"入"选项，获得逐渐显示效果；勾选此复选框和"出"选项，获得逐渐消失效果；取消此复选框的勾选，不进行涂抹处理。

移动减慢：可以设置开始时慢速，然后逐渐变快；或开始时快速，然后逐渐变慢。

3.分散式直接复制

使用"分散式直接复制"命令可以创建层叠特效，即按设定好的偏移参数复制对象。

单击"插入→时间轴特效→帮助→分散式重制"命令，打开分散式重制面板。如图11-4-5所示，其各项参数的含义如下：

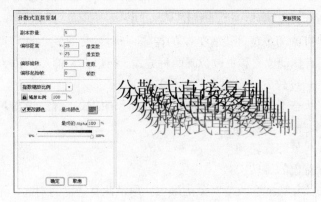

图11-4-5

副本数量：设置当前对象的复件数。

偏移距离：设置 x 轴方向的偏移量和 y 轴方向的偏移量。

偏移旋转：设置旋转的角度。

偏移起始帧：设置开始偏移帧。

缩放比例：设置缩放的方式和百分数。在其右侧的文本框中可以设置缩放的百分数，在其上面的下拉列表中可以选择缩放的方式。可选的缩放方式有指数缩放比例和线性缩放。

更改颜色：勾选此复选框会改变复件的颜色；取消此复选框的勾选，不改变复件的颜色。

最终颜色：单击此按钮，可以指定最终复件的颜色，复件会逐渐过渡到这种颜色。

最终的 Alpha：设置复件最终的 Alpha 值（透明度）。可以在其右侧的文本框中直接输入百分数，也可以左右拖动其下面的滑块进行调整。

4.复制到网格

使用"复制到网格"命令，可以按行和列为参数复制对象，制作出对象展开平铺的网格特效。

单击"插入→时间轴特效→帮助→复制到网格"命令，打开如图11-4-6所示的复制到网格面板。其各项参数的含义如下：

网格尺寸：行数，设置复制对象的行数；列数，设置复制对象的列数。

网格间距：行数，设置行间距；列数，设置列间距。

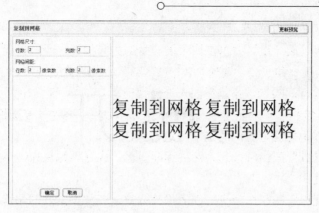

图 11-4-6

5.分离

使用"分离"命令可以制作出爆炸特效。

单击"插入→时间轴特效→效果→分离"命令，打开分离面板。如图 11-4-7 所示，其各项参数的含义如下：

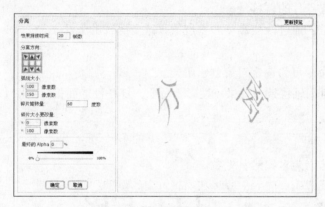

图 11-4-7

效果持续时间：以帧为单位，设置效果的持续时间。

分离方向：单击该项图标中的方向按钮，可设置分离特效的运动方向。

弧线大小：设置分离对象在 x 轴和 y 轴方向的偏移量。

碎片旋转量：设置碎片的旋转角度。

碎片大小更改量：设置碎片的大小。

最终的 Alpha：设置碎片最终的 Alpha 值（透明度）。可以在其右侧的文本框中直接输入百分数，也可以通过拖动其下面的滑块进行调整。

6.展开

使用"展开"命令可制作扩展、收缩特效。

单击"插入→时间轴特效→效果→展开"命令，打开展开面板。如图 11-4-8 所示，其各项参数含义如下：

图 11-4-8

效果持续时间：以帧为单位，设置效果的持续时间。

扩展、压缩、两者皆是：设置特效的运动形式。

移动方向：单击该项图标中的方向按钮，可设置扩展特效的运动方向。

组中心转换方式：设置运动时在 x 轴和 y 轴方向的偏移量。

碎片偏移：设置碎片的偏移量。

碎片大小更改量：通过改变高度和宽度值来改变碎片的大小。

7. 投影

使用"投影"命令可为选定对象创建阴影。

单击"插入→时间轴特效→效果→投影"命令，打开投影面板。如图 11-4-9 所示，其各项参数的含义如下：

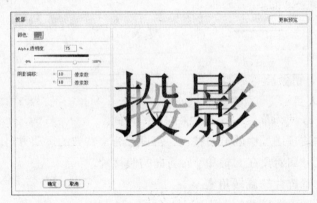

图 11-4-9

颜色：单击此按钮，可以设置阴影的颜色。

Alpha 透明度：设置阴影的 Alpha（透明度）百分数。可以在其右侧的文本框中直接输入百分数，也可以通过拖动其下面的滑块进行调整。

阴影偏移：设置阴影在 x 轴和 y 轴方向的偏移量。

8. 模糊

使用"模糊"命令可以创建运动模糊效果。

单击"插入→时间轴特效→效果→模糊"命令，打开模糊面板。如图 11-4-10 所示，其各项参数的含义如下：

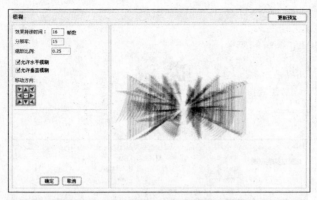

图 11-4-10

效果持续时间：以帧为单位，设置效果的持续时间。

允许水平模糊：勾选此复选框，设置在水平方向上产生模糊效果。

允许垂直模糊：勾选此复选框，设置在垂直方向上产生模糊效果。

移动方向：单击该项图标中的方向按钮，可以设置运动模糊的方向。

11.5 滤 镜

滤镜只对文本和元件有效。执行"窗口→属性→滤镜"命令，可以打开滤镜面板。Flash默认状态下，滤镜面板和属性面板被绑定在一个面板组中，所以，可以直接单击该面板组中的"滤镜"标签，切换到滤镜面板。

11.5.1 添加滤镜

本节以文本为例，讲解滤镜的添加操作。

使用文本工具输入目标文字，使用工具箱中的选择工具，选中该目标文字。切换到滤镜面板，单击滤镜面板中的"添加滤镜"按钮，弹出滤镜菜单，如图 11-5-1 所示。

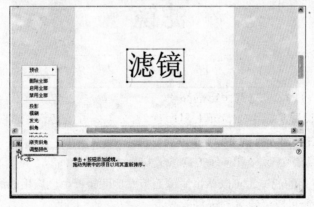

图 11-5-1

在滤镜菜单中选择目标滤镜，本例选择"投影"，结果如图 11-5-2 所示。

图 11-5-2

在滤镜面板中修正当前滤镜效果，这里修正投影的颜色。单击颜色面板，在弹出的颜色样本面板中选择灰色，修正后的结果如图11-5-3所示。

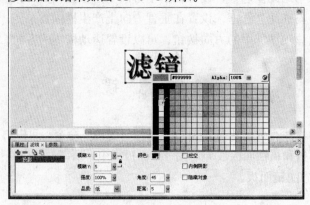

图 11-5-3

一个对象可以应用多个滤镜，添加方法与本例操作方法相同。添加的滤镜会显示在滤镜面板中，图11-5-4所示为应用多个滤镜后的效果。

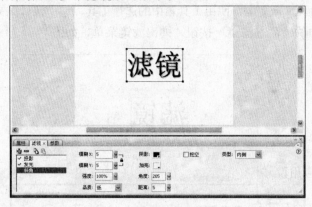

图 11-5-4

如果要修改已应用的滤镜，可以单击滤镜面板左侧滤镜框中已应用的滤镜，然后设置滤镜面板右侧对应的参数。

因为Flash中的滤镜参数比较清楚易懂，这里就不详细讲解各参数的含义，只需试用几次就能了解这些参数的作用。

11.5.2　删除滤镜

若要删除某个已用到目标对象上的滤镜，可以使用工具箱中的选择工具选择目标对象，然后打开滤镜面板。如图 11-5-5 所示，滤镜面板中会显示应用到目标对象上的滤镜，选择需要删除的滤镜，单击"删除"按钮，完成删除操作。

图 11-5-5

11.5.3　关闭和打开滤镜效果

那些已应用了滤镜效果的对象，在编辑时会很不方便，这时可以先关闭滤镜效果。关闭滤镜效果的操作步骤如下：

（1）选择目标对象。

（2）打开滤镜面板。

（3）如图 11-5-6 所示，单击滤镜面板中对应滤镜前面的"√"号，这时"√"号会变为"×"号，完成关闭操作。

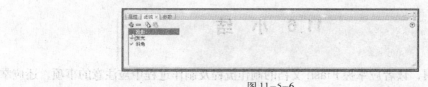

图 11-5-6

如要打开滤镜，只需单击对应滤镜前面的"×"号就可以将关闭的滤镜打开。

如果是准备打开应用到目标上的所有滤镜，或关闭目标上的所有滤镜，可以单击滤镜面板中的"添加滤镜"按钮，在打开的如图 11-5-7 所示的菜单中，选择"启用全部"或"禁用全部"命令。

图 11-5-7

11.5.4　预设滤镜

为了能够重复应用设置好的滤镜效果，可以使用预设功能把这些综合参数保存到预设值中。操作步骤如下：

（1）使用滤镜功能完成一个效果制作。

（2）单击滤镜面板的"添加"按钮，在弹出的如图 11-5-8 所示菜单中，执行"预设→另存为"命令，打开"将预设另存为"对话框。

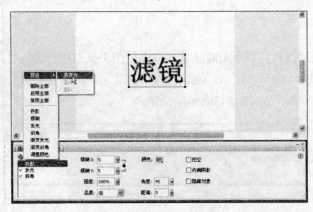

图 11-5-8

图 11-5-9

图 11-5-10

（3）如图 11-5-9 所示，在"将预设另存为"对话框中，输入预设值的名称，本例输入名称为"预设实例"，单击"确定"按钮完成另存。

（4）当需要应用到这个滤镜效果时，只需单击滤镜面板的"添加滤镜"按钮，在弹出的菜单中选择"预设→预设实例"命令，如图 11-5-10 所示。

11.6 小 结

通过本章的学习，读者应掌握 Flash 文档的制作流程及制作过程中应注意的事项，还应掌握影片浏览器面板和时间轴特效的使用方法，并能制作出较复杂的 Flash 动画作品。

11.7 练 习

填空题

时间轴特效有————、————、————、————、————、————。

问答题

（1）简述创建 Flash 动画的一般流程。

（2）简述制作 Flash 动画应注意的事项。

上机练习

按工作流程制作一个有故事情节的动画。

提示：先确定故事的情节、主要出场人物等。注意制作关键帧之间的连接。

第12章 Flash 编程基础

通过本章，你应当：

(1) 了解 Flash 编程的基础知识。

(2) 掌握常用的 Flash 编程命令。

使用 Flash 提供的编程语言 ActionScript，可以实现复杂的交互操作、回放控制和数据显示。可以使用动作面板、行为面板或其他外部编辑器完成编程。

Flash CS3 中提供了两种语言支持，即 ActionScript 2.0 和 ActionScript 3.0 两种编程语言。其中 ActionScript 3.0 是一个全新的编程语言，与 ActionScript 2.0 有本质上的不同，两者的书写方法也不兼容。因此无法将早期的 ActionScript 2.0 直接移植到 ActionScript 3.0 中使用，也无法在同一个 Flash 影片中同时使用这两种语言，所以在学习和使用过程中，只能选择一种语言来完成工作。

12.1 选择学习语言的版本

Flash CS3 中包含多个 ActionScript 版本，可以满足各类开发人员和回放硬件的需要。Flash CS3 中拥有 ActionScript 3.0 和 2.0 两个版本。因此在学习前，应该根据实际工作的需要，选择学习的目标。

ActionScript 3.0 的执行速度极快。与其他 ActionScript 版本相比，要求开发人员对面向对象的编程概念有更深入的了解。ActionScript 3.0 完全符合 ECMAScript 规范，提供了更出色的 XML 处理能力，拥有一个改进的事件模型及一个用于处理屏幕元素的改进的体系结构。

ActionScript 2.0 比 ActionScript 3.0 更容易学习。尽管 Flash Player 运行编译后的 ActionScript 2.0 代码比运行编译后的 ActionScript 3.0 代码速度慢，但 ActionScript 2.0 对于许多计算量不大的项目仍然十分合适。ActionScript 2.0 也基于 ECMAScript 规范，但并不完全遵循该规范。所以，如果需要具有更多的扩展性和兼容性，同时对运行速度有较高的要求，例如，一些手机 Flash 游戏的的开发制作等，可以选择 ActionScript 3.0 进行学习；如果仅是制作一些简单的动画，对动画实现简单的控制，例如停止、播放等功能，可以选择 ActionScript 2.0 进行学习，更能提高学习和工作的效率。

本书是针对初学者的教程，目的是帮助读者能够快速掌握 Flash 的使用，以建立简单的 Flash 动画，所以本章讲解的内容是 ActionScript 2.0。

12.2 Flash 编程的方法和过程

Flash 编程语言是高级语言，命令形式与英文很接近，命令的含义也是英文本身的含义。如动作语句中"Stop"，在使用时就是让影片或某一进程停止。因此，了解Flash编程中的命令含义很简单，重要的是了解编程的方法和过程。

12.2.1 Flash 编程的方法

在应用中学习编程，理解编程控制的方法，在工作中不断记忆和掌握编程命令。在学习编程前应了解哪些工作是通过编程可以完成的，哪些是通过编程无法完成的。

Flash 编程的方法：

（1）拆分问题：将需要处理的问题拆分成可执行的命令。

例如，使用编程实现单击按钮开始影片播放。初学者往往有一种无从下手的感觉，这时可以问一下自己，这一过程中必须出现的操作是什么？这里涉及到了两个必须实现的动作，单击和播放。根据前面的分析，我们输入一行命令：on（release）｛ play（）；｝。这里 on（release）代表鼠标左键被按下再释放后的状态，play 代表播放。好了，我们解决了一个最常见的问题。

（2）学会综合使用 Flash 的功能：Flash 有绘画功能、动画功能和编程功能，将它们综合使用会令工作轻松许多。

例如，为了制作一个播放面板，先要使用绘画功能制作面板的背景，使用元件功能制作面板中的播放按钮，使用编程功能为不同的播放按钮指定不同的行为。然后再将这些对象组合为一个元件，这样，一个漂亮的播放面板就制作完成了。

（3）命名：为编程中的对象取一个惟一且有意义的名称。

例如，在属性面板中可以为帧或元件实例命名标签，帧和元件实例被命名后，无论帧或元件实例被移至何处，这些标签都是和它们惟一对应的。

（4）使用动作面板和行为面板中的提示。

在编程时尽可能使用动作面板和行为面板中的提示，一次仅针对一个对象添加动作。

12.2.2 Flash 编程的过程

Flash 编程的过程如下：

（1）确定需要完成的任务。

（2）确定执行任务的对象。

（3）将任务拆分成可执行的命令。

（4）将命令赋予对象。

（5）在动作面板中测试命令语句。

（6）使用"测试场景"命令测试。

完成编程。

注：在 Flash 中，执行任务的对象有帧、按钮实例和影片剪辑实例。当帧被赋予了命令后，播放到该帧时开始执行命令；按钮实例被赋予了命令后，就会响应用户的鼠标动作；影片剪辑实例被赋予了命令后，就可以执行较复杂的交互行为。

12.3 术 语

动作：Flash 动画中执行某些任务的语句或命令。例如，gotoAndStop（）将播放位置放到特定的帧或标签，并停在该位置上。（"动作"有时也称为"语句"。）

布尔值：包括 true 和 false 两个值。

类：可以创建用来定义新对象类型的数据类型。若要定义类，可在外部脚本文件中（而不是在动作面板上编写的脚本中）使用"class"关键字。

常数：不变的元素。例如，常数 Key.TAB 始终代表键盘上的 Tab 键。

构造函数：用于定义类的属性和方法的函数。构造函数是类定义中与类同名的函数。

数据类型：描述变量或动作脚本元素可以包含的信息的种类。动作脚本数据类型包括字符串、数字、布尔值、对象、影片剪辑、函数、空值和未定义。

事件：SWF 文件播放时发生的动作。例如，加载影片剪辑、单击按钮或者用户按下键盘上某键时发生的动作。

事件处理函数：管理诸如 mouseDown 或 load 等事件的特殊动作。动作脚本事件处理函数共有两类：事件处理函数和事件侦听器（还有两种事件处理函数：on（）和 onClipEvent（），用户可以将它们直接分配给按钮和影片剪辑）。某些命令既可以用于事件处理函数，也可以用于事件侦听器。

表达式：代表值的动作脚本元件的组合。表达式由运算符和操作数组成。例如，在表达式 x+2 中，x 和 2 是操作数，而 + 是运算符。

函数：可以向其传递参数并能够返回值的可重复使用的代码块。

标识符：用于表示变量、属性、对象、函数或方法的名称。它的第一个字符必须是字母、下划线（_）或美元符号（$）。其后的字符必须是字母、数字、下划线或美元符号。

实例：属于某个类的对象。类的每个实例均包含该类的所有属性和方法。例如，所有影片剪辑都是 MovieClip 类的实例，因此可将 MovieClip 类的任何方法或属性用于影片剪辑实例。

实例名称：脚本中用来表示影片剪辑实例和按钮实例的惟一名称。可以使用属性面板为舞台上的实例指定实例名称。

关键字：有特殊含义的保留字。例如，var 是用于声明本地变量的关键字。不能使用关键字作为标识符。例如，var 不是合法的变量名。

方法：与类关联的函数。例如，getBytesLoaded（）是与 MovieClip 类关联的内置方法。可以为基于内置类的对象或为基于自创建类的对象创建充当方法的函数。

对象：属性和方法的集合。每个对象都有其各自的名称，并且都是特定类的实例。内置对象是在动作脚本语言中预先定义的。例如，内置的 Date 对象可以提供系统时钟的信息。

运算符：通过一个或多个值计算新值的一种符号。例如，加法（+）运算符可以将两个或更多个值相加到一起，从而产生一个新值。运算符处理的值称为操作数。

参数：也称作参量，是用于向函数传递值的占位符。

包：位于指定的类路径目录下，包含一个或多个类文件的目录。

属性：定义对象的特性。例如，_visible 是定义影片剪辑是否可见的属性，所有影片剪辑都有此属性。

目标路径：SWF 文件中影片剪辑实例、变量和对象的位置。

变量：可更新数据值的标识符。可以创建、更改和更新变量。

12.4　为对象添加和删除动作

编程中实现的动作需要有执行对象，这一对象可以是当前文件中的一个元件、一帧画面或是一段影片，也可以是其他的文件或是应用程序。

12.4.1　使用行为面板为对象添加动作

行为面板中提供了一些常用的功能模块，在使用时只需在行为面板中选择所需要的功能即可。

注：在 Flash CS3 中行为面板只能在 ActionScript 2.0 环境中使用。

使用行为面板为对象添加动作的操作步骤如下：

图 12-4-1　　　　图 12-4-2

（1）单击"窗口→行为"，打开图 12-4-1 所示的行为面板。

（2）单击需要执行动作的对象，本例以时间轴的第 1 帧为例，单击时间轴第 1 帧。

（3）单击"添加行为"按钮，弹出如图 12-4-2 所示的动作选择菜单。

本例希望当影片播放到当前帧时停止播放，所以这里选择"嵌入的视频→停止"。选择该命令后，弹出停止视频对话框。

图 12-4-3

（4）按图 12-4-3 所示的停止视频对话框设定各项参数，单击"确定"按钮，完成动作添加。

"this"表示动作应用于当前对象，也可以在其中输入执行动作对象的名称替换"this"。

"_root"是当前对象的参数，表示对象位于当前主时间轴上。

（5）执行"窗口→动作"命令，打开动作面板。在动作面板中，可以看到通过行为面板添加的动作，已经以编程形式输入到动作面板中，如图 12-4-4 所示。

（6）执行"控制→测试影片"命令，测试影片是否会在第 1 帧停止播放。

完成操作。

图 12-4-4

12.4.2 使用动作面板为对象添加动作

动作面板提供了所有 Flash 命令的集合，通过动作面板可以组织命令完成所需功能。

使用动作面板添加动作的操作步骤如下：

（1）选择执行命令的对象，本例选择按钮实例。

（2）单击"窗口→动作"命令，打开如图 12-4-5 所示的动作面板。

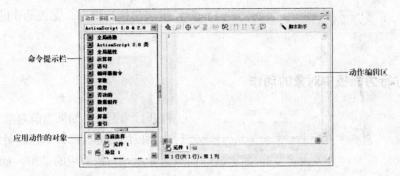

图 12-4-5

（3）按钮是通过鼠标单击来实现被按下和弹起状态的，所以确认当前事件为鼠标响应事件。

（4）鼠标响应事件为全局函数中的影片控制类。单击相应命令文件夹，进入所需命令组，如图 12-4-6 所示。

图 12-4-6

（5）双击命令提示栏中的"on"命令，把 on 命令添加到动作编辑区中。如图 12-4-7 所示，在弹出的菜单中，显示 on 命令的几种可选状态，这里双击"release"。

注：release，表示鼠标左键为被按下然后释放的状态。

图 12-4-7

（6）确认鼠标的状态后，开始确认鼠标被单击后所需执行的动作。在动作面板中将鼠标指针移至大括号中单击，在大括号中输入命令，代表这个动作是在 on（release）状态下执行的。

图 12-4-8

（7）单击时间轴控制，双击"Play"命令将Play（播放）动作添加到当前状态下，如图12-4-8所示。

（8）单击"语法检查"按钮，检查当前语句中是否有语法错误。

（9）执行"控制→测试影片"命令，测试影片中按钮执行情况。完成动作的添加。

12.4.3　删除行为面板中对象的动作

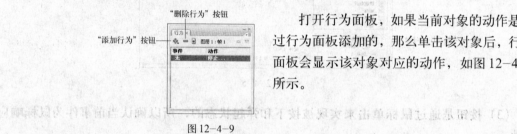

图 12-4-9

打开行为面板，如果当前对象的动作是通过行为面板添加的，那么单击该对象后，行为面板会显示该对象对应的动作，如图12-4-9所示。

使用行为面板删除对象动作的操作步骤如下：

（1）单击"窗口→行为"命令，打开行为面板。

（2）选择目标对象。

（3）单击行为面板"动作"栏中的目标动作，单击"删除行为"按钮，即可删除该动作。

12.4.4　删除动作面板中对象的动作

通过动作面板可以查看、编辑当前对象所有的动作。在动作面板中删除对象动作的操作步骤如下：

（1）单击"窗口→动作"，打开动作面板。

图 12-4-10

（2）选择目标对象，目标对象对应的所有动作在动作面板中显示出来，如图12-4-10所示。

（3）将鼠标指针移至需删除动作的结尾处单击，按Back Space键将该动作的命令行删除。完成动作的删除。

12.5 语 法

Flash的动作语句定义了一套自己的语法规则。它的一般语法规则如下。

12.5.1 点操作符

在动作中，点（.）用于调用一个对象的内部属性，它也被用来标识一个媒体对象和变量对象的路径。

例如_x表示对象在舞台中的x轴坐标，已知一个对象名为"move"，那么move._x表示该对象在舞台中的x轴坐标。

使用这种方法我们可以定义对象的属性。例如制作一个影片剪辑元件，并将该元件拖动至舞台中，在属性面板中将该元件标签命名为"m"，单击第一帧，在动作面板中输入"m._x = 50；m._y = 100；"。执行"控制→测试影片"命令，会发现无论该元件实例在制作时放至何处，在播放时都只显示在坐标（50，100）的位置。

12.5.2 界定符

1.花括号

动作中的一组语句可以被一对花括号包括起来，例如：{……}，成为一个语句组。在由多个动作状态组成的语句组中，使用花括号可以有效地区分各命令的层级和从属关系。如：on（release）{ stop（）；}表明stop（停止）命令是在on （release）（鼠标被单击）后执行。

当命令处于同一层级上时，如："m._x = 50；m._y = 100；"，它与{ m._x = 50；m._y = 100；}运行结果是一样的，但使用花括号可以使我们明确地知道这两行命令是对同一个对象的不同属性进行设定，可有效区分不同对象。

2.分号

动作语句由分号（;）来结尾，但是并不需要严格遵守这一规则。如："m._x =50；"和"m._x = 50"都可以被Flash解读，且结果完全一致。

3.圆括号

在定义一个函数时，该函数的任何参数都必须放在一对圆括号内。如：on函数，用来定义鼠标或键盘的响应状态。其中的一个参数为release，即单击鼠标后触发相关动作。on（release）{……}，其中圆括号中的内容为on函数的参数，花括号中的省略号代表所触发的动作。

12.5.3 字母的大小写

Flash对命令、关键词和标签等是区分大小写的，即标签M和标签m是完全不同的两个对象。但在Flash中的命令如gotoAndPlay和gotoandplay是完全一样的。在Flash中空格代表一个命令的输入完成，因此goto and play被看成是3个命令或字符串，gotoandplay是一个命令，为了便于阅读才写成gotoAndPlay。

12.5.4 注释

在 Flash 中可以使用注释语句为当前命令加入注释，注释命令以双斜线（//）开头。如：

on (release) {

// 单击按钮后跳至第 10 帧并停在该帧

gotoAndStop (10);

}

注释不影响 Flash 输出文件的大小，注释内容可以为任意长度，不受语法限制。

12.6 编程中的常用命令

12.6.1 与鼠标动作相关的命令

鼠标响应事件是 Flash 中最常用到的，如单击某个按钮跳到目标帧，或单击某个按钮开始播放动画等鼠标响应事件。

on 命令可以定义鼠标和键盘的状态。其命令格式如下：

on（鼠标/键盘状态）{响应事件}

Flash 中定义鼠标状态的命令有：

press：鼠标指针移到按钮并按下鼠标左键时动作触发，只要鼠标左键被按下就会激发动作。

release：将鼠标指针移动到按钮并单击鼠标左键时动作触发，需鼠标左键被按下并释放才会激发动作。

releaseOutside：按住鼠标左键并在区域外释放鼠标左键时动作触发，只有在指定的按钮或区域内按下并在区域外释放鼠标左键才能激发动作。

rollOver：鼠标指针滑过按钮动作触发。

rollOut：鼠标指针从按钮上移出时动作触发。

dragOver：鼠标指针移至按钮，按住鼠标左键移出后再移入按钮动作触发。

dragOut：鼠标指针移至按钮，按住鼠标左键将光标移出按钮时动作触发。

例：要求鼠标在按钮上单击并在按钮上释放鼠标左键后开始播放影片。其操作步骤如下：

（1）制作一个按钮。

（2）将按钮从库中拖动至舞台中，选择按钮实例。

（3）打开动作面板，在动作面板中输入 on (release) { play；}。完成制作。

12.6.2 常用媒体控制命令

Flash 中常用媒体控制命令有 play（播放）、stop（停止）、goto（跳至……）和 stopAllSounds（停止所有音轨）。

1.play 和 stop 命令

play和stop语句在Flash中分别用于控制动画的播放和停止，是Flash中控制动画的最基本命令。

（1）play命令

play动作使得动画从它的当前位置开始播放。如果单击动画的起始帧，并在动作面板中输入命令stop，那么影片播放时会停在第1帧。这时可添加一个播放按钮，执行相应的鼠标响应动作，如下所示，播放按钮动作。

```
on （release） {
    play；
}
```

通常，play动作可用来创建开始按钮，这种效果就如同影片播放器一样，观众可以通过单击播放器的播放、暂停和停止等按钮控制影片的播放进程。

（2）stop命令

stop动作停止播放动画，并停在当前帧位置，stop动作没有参数。

以下脚本展示了一个鼠标响应事件，当按钮被按下时当前影片停止放映。

```
on （press） {
    stop ();
}
```

通常stop可以用来创建暂停按钮，此动作可以在当前影片位置停止并保留在当前帧位置，直到有下一事件启动为止。

2.gotoAndPlay和gotoAndStop命令

（1）gotoAndPlay命令用来控制影片跳转到一个特定的帧或场景，并开始播放。命令格式为：

gotoAndPlay （"scene",frame)

scene为跳转至的场景的名称。

frame为跳转至的帧的标签名称或帧数。

使用gotoAndPlay可以快速跳转到某一场景或某一帧中并开始播放。

注：单击"窗口→其他面板→场景"，可以打开场景面板。在场景面板中可以快速新建和组织场景的顺序，在Flash影片的测试和播放时，自动按场景在场景面板中的顺序进行播放。

（2）gotoAndStop命令用来控制影片跳转到一个特定的帧或场景，并停止播放。命令格式为：

gotoAndStop （"scene",frame)

scene为跳转至的场景的名称。

frame为跳转至的帧的标签名称或帧数。

gotoAndStop可以制作播放媒体的停止按钮。在前面的学习中，我们知道stop（）命令可以使影片播放停止下来，但使用stop命令只能让影片停止在当前帧位置，缺少灵活性。

下面是使用gotoAndStop和stop命令的两个实例，可体会两者的区别。

停止按钮命令，on （release） { gotoAndStop (1)；}

暂停按钮命令，on （release） { stop ();}

前者停止后返回到影片的第 1 帧处，后者是停止在当前帧。这也是停止按钮和暂停按钮的区别。

3.stopAllSounds 语句

stopAllSounds（停止所有音轨）停止当前在 FlashPlayer 中播放的所有声音，此动作不影响影片的视觉效果，经常用于关闭声音（声音打开／关闭按钮），并使音轨静音。

在动作面板中单击"按钮"下拉菜单中"全局函数→时间轴控制→ stopAllSounds"命令，即可添加该动作，此动作没有参数。

以下脚本展示了一个鼠标事件，它停止当前在 FlashPlayer 中放映的所有影片或影片剪辑中的声音。

```
on (release) {
    stopAllSounds ();
}
```

12.7 Flash 中的条件语句

条件语句可以判断当前运算的结果，再根据结果来确认程序运行的方向。

12.7.1 if 语句

使用 if 命令可以创建条件语句。如果某个条件满足，则执行某个动作；如果该条件未满足，则执行另一个动作。例如以下的条件语句：

```
if ("4">"3")
gotoAndStop (2)
else
gotoAndPlay (3)
```

此条件语句表示：如果"4"大于"3"则转到并停止播放于第 2 帧。否则，转到并播放第 3 帧。

条件语句的不同部分要求不同的参数。对于它的 if（）部分可以使用以下两种参数：

（1）条件：输入用户想检验的条件。

（2）else/else if：默认情况下，条件语句不包括 else 或 else if 子句。用户通过相应菜单下的 else/else if 命令可以添加这些子句，数量不限。

12.7.2 do while 语句

如果条件为真，则可使用 do while 命令执行一系列动作。do while 语句所使用的逻辑是只要 while 的判断值为真，就反复执行 do 循环语句内的一系列动作；否则，停止执行当前这些动作，而执行 do while 语句后面的动作。

do while 语句有一个"条件"参数，该参数是用于给用户输入判断条件的，只有条件为真的情况下循环才能继续。

用do while语句可制作一些复杂的脚本，以下脚本揭示了do while循环语句的概念。首先，设置一个名为Count的变量，并将该变量的初始值设为1。然后，就是do while语句的主体，即当Count小于或等于9时，执行随后的动作。其中就有每循环一次，Count的值加1。这样，循环9次后，Count将等于10，故循环终止。

```
Count =1;
do { Count=Count + 1;
while  (Count<=9);
}
```

因为只要条件为真，do while语句便持续执行用户所设置的一系列任务，所以如果用户不提供一种使条件最后为假的方式，循环将无法终止，而这也使得影片无法正确运行。

通常do while用来进行重复运算和检验数据等操作。

12.8 运 算 符

运算符是指定如何组合、比较或者修改表达式值的字符。由运算符执行运算的元素称为操作数。

注：表达式是Flash可以计算并返回值的任何语句。可以通过组合运算符和值或者调用函数来创建表达式。

Flash编程中经常需要用到某一条件或是某一计算结果，再执行与条件和结果相关的操作。例如以下脚本通过表达式计算后，再跳转到相应的帧。

```
on (release){
   gotoAndPlay (1+ 2)  ;
}
```

上面脚本中的表达式，也就是1+2的值将使得时间轴跳转到第3 帧。显然，这十分简单。当然，用户甚至可以创建这样一个脚本，使用表达式以不同的方式完成相同的任务：

```
on (release) {
   ja= 1;
   jb= 2;
   gotoAndPlay (ja + jb);
}
```

本节介绍关于常见类型的运算符、运算符优先级与运算符结合律的一般规则。

12.8.1 运算符基本概念

1.整数和浮点数

整数是指1、2、3、10等没有小数位的数字。

浮点数是指1.3、4.5等含有小数位的数字。

2.字符串

字符串存储的是一组字符，字符串可以是一个字符也可以是一组单词，如"Hello China"、"Chinese"或"a"等都是字符串。字符串需要使用英文的双引号括起来，如"123"与123是完全不同的，前者代表字符串，后者则是数字。

3.变量

变量是其值可以改变的标识符。如：

number=25，此时的number表示的是25这个数。同样也可以将26这个值赋予number，表达式为number=26。这里的number可以被赋予不同的值。

变量可以是数字变量也可以是字符串变量，如nubmer=25和char="hello"。

4.运算

数字和字符串可以使用相应的运算式进行计算，变量也可以进行计算。如1+1=2，使用变量表示可以写成a=1；b=1；a+b=2。这里的a和b分别被赋予了数值1，然后两者再进行运算。

5.优先级

在进行运算时，运算是有顺序的，如1+2*3=7和(1+2)*3=9，结果是完全不同的，故应该遵循数字运算顺序规则，在编程中这些运算顺序与数学中的运算顺序是完全一致的。

6.函数

函数就是数学表达式，如正弦sin、余弦cos等都是函数。也可以自定义函数，即定义一个所需的数学表达式。

12.8.2 运算符类型

表达式通常是需要靠运算符来计算结果的。在Flash中，运算符包括数值运算符、比较运算符、位运算符和逻辑运算符，用户可以通过单击"按钮"下拉菜单中"运算符"子菜单内的相应命令添加需要的运算符。

1.数值运算符

当进行数值运算时，数值运算符可用来进行加或减之类的运算。下面列出了算术运算符。

+—加：表达式1+表达式2；

－—减：表达式1－表达式2；

*—乘：表达式1*表达式2；

／—除：表达式1／表达式2；

%—求余：表达式1% 表达式2，如12%5 = 2；

－—取负：－表达式。

使用数值运算符时，需注意：

（1）表达式的运算按顺序执行。括号中的所有内容最先计算，然后进行乘除运算，最后才进行加减运算。因此，运算的顺序不同，最后的结果通常也不一样。

（2）如果用户试图用数值运算符来计算字符串，那么Flash会将字符串转换为数值，其数值即为字符串中的字符数。例如，9+commend=16，因为commend包含7个字符。

2.逻辑运算符

在表达式中，用户可以使用逻辑运算符来判断某个条件是否成立。逻辑运算符主要用在if和do while 动作中。关于逻辑运算符及其功能如下所示：

&&（and）—逻辑与：表达式 1 && 表达式 2；

||（or）—逻辑或：表达式 1 || 表达式 2；

!(not)—逻辑否：!表达式；

!=（<>）—不相等：表达式 1 != 表达式 2；

<—小于：表达式 1 < 表达式 2；

==—相等：表达式 1 == 表达式 2；

>—大于：表达式 1 > 表达式 2；

<=—小于等于：表达式 1 <= 表达式 2；

>=—大于等于：表达式 1 >= 表达式 2。

如果在表达式中使用逻辑运算符，那么就可以判断当前所给出的条件是正确或成立（true）的，还是错误或不成立（false）的，然后决定下一步执行什么样的操作。

3.字符串运算符

对于字符串类型的运算与一般数值运算不同，有其不同的运算符，下面列出了字符串类型的运算符。

""—引号：用于表示字符串，如 "111" 是字符串而不是数字；

add—字符串叠加：表达式 1 add 表达式 2，如 "1" add "2" → "12"；

eq—字符串相等：表达式 1 eq 表达式 2；

ne—字符串不相等：表达式 1 ne 表达式 2；

lt—字符串小于：表达式 1 lt 表达式 2，如 "12" lt "2" → true；

gt—字符串大于：表达式 1 gt 表达式 2，如 "12" gt "1" → true；

le—字符串小于等于：表达式 1 le 表达式 2；

ge—字符串大于等于：表达式 1 ge 表达式 2。

4.位运算符

Flash 中还有一些专门针对二进制、八进制以及十六进制数的位运算符，下面所列为 Flash 中使用的位运算符及其功能。

~—按位取反：~表达式，如~1 = 0，~0=1；

&—按位与：表达式 1 & 表达式 2，如 1&1=1，1&0=0，0&0=0；

|—按位或：表达式 1 | 表达式 2，如 1|1=1，1|0=1，0|0=0；

^—按位异或：表达式 1 ^ 表达式 2，如 1^1=0，1^0=1，0^0=0；

<<—按位左移：表达式 << num，即左移 num 位，右补 0；

>>>—按位逻辑右移：表达式 >>> num，即右移 num 位，左补 0；

>>—按位算术右移：表达式 >> num，即右移 num 位，左补符号位。

5.赋值运算符

在 Flash 的编程语言中包含了大量赋值运算符，可以使设计的动作脚本更简洁，下面所列为 Flash 中使用的赋值运算符。

++—自加：变量 ++，++ 变量，相当于变量 = 变量 + 1；

——自减：变量 --，-- 变量，相当于变量 = 变量 - 1；

+=—自加赋值：变量 += 表达式，等价于变量 = 变量 + 表达式；

-= —自减赋值：变量 -= 表达式，等价于变量 = 变量 - 表达式；

*= —自乘赋值：变量 *= 表达式，等价于变量 = 变量 * 表达式；

/= —自除赋值：变量 /= 表达式，等价于变量 = 变量 / 表达式；

%= —自求余赋值：变量 %= 表达式，等价于变量 = 变量 % 表达式。

12.8.3　使用运算符为变量赋值

变量是程序设计脚本中最重要的组成部分之一。变量是组成数据、动态变化场景不可缺少的部分。例如，在一个数据调查表中通常有以下选项：

Name = " 武松 "

Age = 26

Income = 5000

Bestdegree = " 博导 "

Name，Age，Income 和 Bestdegree 均为变量名，而等号后面的信息则是该变量的值。在 Flash 的动作脚本中同样也是如此。用户可以通过单击动作面板中的"语句／变量"下的 set variable 命令来添加变量。当使用 set variable 动作时，用户可以创建变量 Name、Age、Income 和 Bestdegree。

命令格式：set（Name," 武松 "），或直接输入 Name = " 武松 "。

在 Flash 中创建变量并为变量命名时，需注意：

（1）所有变量名必须以字符开头。该字符后面可以是字母、数字或下划线，而且，变量名不区分大小写。因此、My 变量等同于 my 变量。变量名中不能含空格。

（2）每部影片或影片剪辑都有一组惟一的变量。

（3）变量的值可以改变，但是名称保持不变。

（4）变量名的命名一般应具有一定含义。如果变量所表示的值是用户单击按钮的次数，那么用户应将该变量命名为 MouseClickCount 或类似的名称。

1. 变量的表示方法

在 Flash 中，变量值可以有以下形式：

（1）数字：数字值指的是从 0 到 999999 之间的任意值。例如，对变量 Income 的赋值为 9000 时，在动作脚本中应描述为：

Income = 9000

（2）字符串：程序设计语言中字符串通常用来表示文本值。典型的字符串值可以是一个字母 "a"，也可以是一个或多个句子，如 "Hello, how are you!"。字符串值可以包含任意多个字母，并且可包括文本、空格、标点符号，或者数字。因此，用户可以把 "365" 当做一个字符串值来处理。含数字的字符串值用引号与实际数字区分开来，也就是说，动作脚本用引号表示字符串。这样，2004 是数字，而 "2004" 则是一个字符串。

（3）逻辑值：逻辑值用来判断某个条件是否成立。逻辑值有两种，true 或 false。在 Flash 中，用 0 表示 false，任意非 0 值均表示 true。为变量分配逻辑值时，设置如下所示：

MacromediaRocks=true

或

MacromediaRocks=1

（4）空值：虽然它不是一个真正的值，但可表示某个不存在的字符串值。例如，如果用户记不起某人的姓名，那么可以用如下方式表示用户临时空缺的变量，此时，该变量其实仍然属于字符型变量。

temp_null = " "

2．分配值

在为变量分配值时，有两种形式，文字形式或表达式形式。以下是文字分配形式：

Income = 1000

或者

Name =" 武松 "

使用表达式创建一个变量并为该变量分配值的操作步骤如下：

（1）在舞台中选择时间轴上某一关键帧的按钮实例。

（2）在该实例上单击鼠标右键，在弹出菜单中选择动作命令，打开动作面板。

（3）在动作面板中选择 set variable 命令。

（4）在 set（）的括号中输入变量名和数值。

注：如果该变量的值是一个文本字符串，则需要带引号输入该字符串；如果希望这个值被当做数字、逻辑值或者表达式，则直接输入即可。

3．使用变量

在 Flash 中，可以使用变量值动态地设置其他动作中的不同参数值。例如，跳转到的帧数、影片剪辑实例的属性值甚至文本字段中的文本。

set variable（设置变量）动作具有以下参数：

（1）变量：要创建或更新的变量名。所有的变量名必须以字符开始，但是，随后的字符可以是字母、数字或下划线。用户可以根据表达式的值，动态地选择要创建或更新的变量。

（2）值：要创建或要更新的变量值。

以下脚本展示了一个鼠标事件，它将 newvar 的值设为 300。设置好后，该变量的值将用来设置影片剪辑实例 MyMovieClip 的宽度。

```
on (release) {
newvar ="300";
Set Property ("MyMovieClip", _Alpha, newvar);
}
```

该功能可以用于动态地产生文本字段中的文本、动态地设置动作参数的值，以及跟踪事件已触发的次数。例如，网页浏览的计数器就可以使用该功能完成。

12.9 自定义函数简述

在 Flash 中可以自定义函数，对传递的值执行一系列的语句。自定义函数也可以返回值。一旦定义了函数，则可以从任意一个时间轴中调用它，包括加载影片的时间轴。

12.9.1　自定义函数

一个编写完善的函数可以看作一个"匣子"，如果它的输入、输出和目的都有详细的注释，用户就不需要去确切地了解该函数的内部工作原理。

在 Flash 中可以使用 function 命令来定义一个函数，function 命令的格式如下：

function　函数名称（变量 1，变量 2，...）｛

函数声明

｝

12.9.2　on 命令（鼠标／键盘事件）

在 Flash 中可以使用 on 命令，根据鼠标／键盘事件来执行不同的动作，从而使整个动作显得灵活多变。on 命令的格式如下：

on　（鼠标／键盘事件）｛

函数声明

｝

12.9.3　onClipEvent 命令（影片剪辑事件）

在 Flash 中使用 onClipEvent 命令来根据影片剪辑的状态触发动作，onClipEvent 命令通常使用以下格式：

onClipEvent　（影片剪辑事件）｛

函数声明

｝

该命令只能用在影片片段的动作里。"影片剪辑事件"的可取值及含义如下所示：

load—该影片片段已载入。

unload—该影片片段被卸载。

data—用 loadVariableNum 载入数据后或用 loadMovie 载入影片的每个影片片段后。

enterFrame—播放至该影片片段所在帧（若停在该帧则反复执行）。

mouseMove—鼠标指针移动。

mouseDown—鼠标键按下。

mouseUp—鼠标键释放。

keyDown—键盘键按下。

keyUp—键盘键释放。

12.10　影片剪辑函数

影片剪辑是组成 Flash 动画的重要部分，Flash 的动作语句专门提供了一些有关影片剪辑的函数。

12.10.1 载入和卸载其他影片

在 Flash 的动作语句中，load/unload Movie（加载／卸载影片）命令格式如下：

loadMovie ("url", level/target,[variables])

unloadMovie[num](level/"target")

（1）加载文件

loadMovie 动作主要用于将一个新的 SWF 文件加载到指定的层级或目标，这使 FlashPlayer 窗口一次可以显示多个 SWF 文件。unloadMovie 动作主要用于卸载以前用 LoadMovie 动作加载的影片。

①URL：指明要加载的 SWF 文件的目录路径。它可以是一个相对路径，如 behaviors.swf，也可以是一个绝对路径，如 C:\movie\behaviors.swf。

②位置：此参数定义将指定受动作影响的层级或目标。

在前面我们介绍过有关 Flash 的层次问题。在 Flash 影片中，除非加载到某个目标，否则，加载的影片将放置在某个层级并分配一个层级编号。层级可看作堆叠在 FlashPlayer 窗口中的各个 SWF 文件的图层。分配给该层级的编号可以决定加载的影片与其他所有层级的相对位置。

③变量：允许选择如何将影片中的变量发送给服务器。默认情况下为"不发送"。

（2）加载影片的作用

一般来说，load/unload Movie 命令可以使用户达到以下的目的：

①将一部新的影片加载到 Flash 动画以替换原有的影片，也就是说，无需加载不同的 HTML 页就可以显示一部新的影片。

②在原有影片的基础上，加载一部新的影片。

③将已加载影片的变量发送给 CGI 脚本进行处理。

④卸载以前用 LoadMovie 动作加载到影片窗口的影片。

⑤将一组变量加载到时间轴，以便时间轴可以根据这些变量的结果执行相应的动作。

（3）加载并替换

如果用户要将一部新的影片加载到 Flash 动画窗口以替换原有的影片，其操作步骤如下：

①选择 loadMovie 命令。

②对于 URL 参数，输入要加载的 SWF 文件的目录路径。例如：C:\movie\behaviors.swf。

③对于"位置"参数，输入当前由另一个影片占据的层级编号，或者选择要替换的影片剪辑目标。

④在"变量"参数中选择"不发送"选项。

load/unload Movie 命令是非常实用的，它可以使用户在不加载附加的 HTML 页的情况下查看多个 Flash 动画，以及 Flash 与基于服务器的信息与处理之间的连通性，使得处理基于 Flash 的格式成为可能，或者可以很容易地在 Flash 中显示动态产生的内容。

12.10.2 控制其他影片和影片剪辑

当用户需将动作引向除当前时间轴之外的任意时间轴时，可用 tellTarget 命令来控制除当前影片外的影片、设置或改变另一时间轴上的变量，或设置特定影片剪辑实例的某一个属性。

在动作面板中输入 tellTarget 命令，即可添加该动作，tellTarget 的输入格式如下所示：

tellTarget("target"){ statement(s)；}

target：指定控制时间轴的目标路径；

Statement(s)：应用于目标的程序段。

12.10.3 复制和删除影片剪辑

duplicate/Remove MovieClip（复制／删除影片剪辑）动作可用于在影片放映期间，动态地创建或删除影片剪辑实例。

在动作面板中输入 duplicateMovieClip 或 removeMovieClip 命令，即可添加相应的动作。命令格式如下所示：

duplicateMovieClip (target, newname, depth)

removeMovieClip (target, newname, depth)

各项参数的含义如下：

（1）target：定义要复制的影片剪辑实例的路径。

（2）newname：用于设置复制的影片剪辑实例的名称。用户只需输入名称，而无需输入目录路径。复制的影片剪辑将继承原影片剪辑的相对路径。

（3）depth：它是一个数值，表示影片剪辑实例副本与同一影片层级中其他加载副本的相对堆叠深度。

下面通过脚本的实例来说明该命令的使用方法。该实例展示了一个鼠标事件，其作用是复制名为 MyMovieClip 的影片剪辑实例，并将新命名为 MyMovieClipDup 的副本放置在 level4。创建副本时，改变它的 x 位置，以便它不会直接出现在原剪辑的上面。

On（Release){

duplicateMovieClip ("/MyMovieClip", "MyMovieClipDup", 4)；

}

通常，该功能可以用于游戏中。在任何想动态地创建影片元素的时候，也都可使用此命令。

12.10.4 拖动／停止影片剪辑

动作语句中的 startDrag/stopDrag 命令允许用户在影片窗口中任意移动影片剪辑实例的位置，这样，用户可以在影片放映期间重新安排影片元素的位置。

在动作面板中输入 startDrag 或 stopDrag 命令，即可添加相应的动作。其命令格式如下：

startDrag (target,[lock, left, top, right, bottom])，此命令允许移动影片在屏幕中的位置。

stopDrag () 没有参数，不允许拖动操作。

startDrag 可使目标影片剪辑实例被拖动，然后此影片剪辑实例将保持可拖动，直到某个事件触发 stopDrag 动作或使另一个影片剪辑可拖动时才停止该影片剪辑的可拖动。因为在 Flash 中，一次只能拖动一个影片剪辑实例。startDrag 动作具有以下参数：

（1）目标：定义要拖动的影片剪辑实例。

（2）限制为矩形：默认情况下，拖动动作允许在影片窗口内部任意拖动影片剪辑实例。使用此选项，可将它的运动限制在一个矩形区域内。左、上、右和下的值用像素来表示，且以父影片剪辑的中心点作为参照点。当使用此选项时，不能将拖动影片剪辑实例的中心点拖到此矩形之外。

（3）锁定鼠标到中央：默认情况下，当拖动操作开始时，被拖动影片剪辑保持与用户光标的相对位置。选择此选项，在拖动过程中，将拖动影片剪辑实例直接放置在光标中心的下面。

当用户需要停止影片剪辑的拖动时，可以设置一个事件来产生stopDrag（停止拖动）操作。此时，影片剪辑实例将停留在当前的位置。

12.10.5　设置影片剪辑的属性

Flash用户可以使用setProperty命令，在影片放映过程中调整FlashPlayer中影片的位置、大小、旋转、透明度、可见性和名称等属性，从而使动画获得更真实的交互性。

在动作面板中输入setProperty命令设置属性。其命令格式如下：

setProperty ("target",property,value/expression)

setProperty参数的含义如下：

（1）target：定义要改变属性的影片剪辑实例。

（2）property：此参数可选择要调整的属性，其中包含以下内容：

X Position（X位置）：设置影片的水平位置。以像素为单位，并以原始影片剪辑实例的中心点为参照点。

Y Position（Y位置）：设置影片的垂直位置。以像素为单位，并以原始影片剪辑实例的中心点为参照点。

X Scale（X轴缩放）：设置影片在水平方向上的缩放比例（用百分比表示）。小于90的值表示缩小，大于90的值表示放大。

Y Scale（Y轴缩放）：设置影片在垂直方向上的缩放比例（用百分比表示）。

Width（宽度）：设置影片的宽度，以像素为单位。

Hight（高度）：设置影片的高度，以像素为单位。

Alpha（透明度）：设置影片的透明度。值为0时影片剪辑实例不可见，值为90时影片剪辑完全不透明。

Visibility（可见性）：设置影片的可见性。true值，或任何非0的值，都使影片剪辑实例可见；false值，或0值，则使影片剪辑实例不可见。当影片剪辑为不可见的时候，用户就无法再与该剪辑进行交互。

Rotation（旋转）：设置影片剪辑实例的旋转（用度数表示）。负值使影片剪辑逆时针方向旋转。

Name（名称）：设置影片剪辑实例的名称，这使得可以在影片放映期间，为影片重新命名。该操作虽然改变影片剪辑实例的名称，但不改变它与其他影片的相对目录路径。

High Quality（高质量）：影片的视觉效果和重放质量可设置为3个级别：0（低质量），1（高质量）或2（最佳质量）。

Show Focus Rectangle（显示矩形焦点）：当使用Tab键对导出的影片中的按钮进行导航

时，它们周围将出现一个黄色的矩形焦点。值为 true 或任何非 0 的值，都使矩形焦点可见；而值为 false 或 0 时，则使该矩形焦点不可见。

Sound Buffer Time（声音缓冲时间）：设置流式声音在开始播放前的下载时间（用秒计）。

(3) value/expression：为所选的属性设置值。

12.11 小 结

本章主要介绍了在 Flash 中创建交互式动画的基础知识，以及在 Flash 中定义事件、添加动作的方法，最后着重介绍了一些常用的 Flash 动作语句。通过本章的学习，读者应当掌握为 Flash 动画添加动作命令以及使用一些常用的动作语句的方法。

12.12 练 习

填空题

(1) 添加动作可以使用_____、_____两个面板。

(2) Flash 的语法规则中操作符有_____、_____、_____、_____。

(3) 在编程中 "//" 的作用是_____。

(4) 本章中讲到的条件语句命令是_____、_____、_____。

(5) 编程中执行命令的对象有_____、_____、_____。

问答题

(1) 制作播放控制面板的常用命令有哪些？

(2) 如何使用自定义函数命令自定义函数？

上机练习

(1) 制作一个播放面板。

(2) 制作影片场景选择面板。

提示：在使用命令时应多单击动作面板中的"语法检查"按钮，检验输入语法是否正确，还应检查命令指向的对象是否也正确。

第13章　组　件

通过本章，你应当：

（1）了解组件的基本概念。

（2）了解组件的分类。

（3）掌握 Flash 组件面板中组件的使用。

Flash 中的组件是带参数的影片剪辑，用户可以修改它们的外观和行为。即使对 Flash 的编程没有深入的理解，也可以使用组件构建复杂的 Flash 应用程序。可以从组件面板中拖动目标组件到舞台，为 Flash 文档添加所需的功能。并且可以根据需要自定义组件的外观、属性和事件，从而满足设计需求。

组件可以是简单的用户界面的控件，例如单选按钮或复选框；也可以是包含内容的窗口，例如滚动窗口。它可以是可视的，也可以是不可视的。

组件具有以下优点：

可以将应用程序的设计过程和编码过程分开。我们可以重复使用自己创建的组件，也可以通过下载并安装其他开发人员创建的组件，并重复使用这些组件。

通过组件，开发人员可以创建设计人员在应用程序中需要的功能，并将这些功能封装在组件中。设计人员可以通过属性面板和参数面板重新定义组件的外观和行为，以满足工作的需要。

注：ActionScript 2.0 和 ActonScript 3.0 两个编程环境中的组件的参数并不一致，所以在使用前需要明确自己的编程环境。

13.1　了解 Flash 的组件

Flash 包含以下组件：

在 Flash 的试用版中含有如下组件。

Button 组件、CheckBox 组件、ComboBox 组件、Label 组件、List 组件、Loader 组件、NumericStepper 组件、ProgressBar 组件、RadioButton 组件、ScrollPane 组件、TextArea 组件、TextInput 组件和 Window 组件。

当我们正式注册 Flash 软件后，还可以使用和获得以下组件：

Accordion 组件、Alert 组件、数据绑定类、DateField 组件、DataGrid 组件、DataHolder 组件、DataSet 组件、DateChooser 组件、FLVPlayback 组件、Professional、Form 类、媒体组件、Menu 组件、MenuBar 组件、RDBMSResolver 组件、Screen 类、Slide 类、Tree 组件、WebServiceConnector 组件、XMLConnector 组件、XUpdateResolver 组件。

13.1.1 各组件的用途

Button 组件：一个可调整大小的矩形用户界面按钮。可以给按钮添加一个自定义图标，也可以将按钮的行为从按下改为切换。在单击切换按钮后，它将保持按下状态，直到再次单击时才会返回到弹起状态。

CheckBox 组件：复选框是一个可以勾选或取消勾选的方框。当它被勾选后，框中会出现一个复选标记。可以为复选框添加一个文本标签，并可将它放在复选框的左侧、右侧、顶部或底部。

ComboBox 组件：通过使用组合框，用户可以从下拉列表中选择某一项。组合框可以是静态的，也可以是可编辑的。通过使用可编辑的组合框，用户可以在列表顶部的文本字段中直接输入文本，也可以从下拉列表中选择。如果下拉列表超出文档底部，该列表将会向上打开，而不是向下打开。组合框由 3 个子组件组成，它们是 Button 组件、TextInput 组件和 List 组件。

Label 组件：一个 Label 组件就是一行文本，它可以指定一个采用 HTML 格式的标签。也可以控制标签的对齐和大小。

List 组件：一个可滚动的单选或多选列表框。列表还可显示图形及其他组件。还可以使用该列表来添加显示在列表中的项目。

Loader 组件：一个容器，可以显示 SWF 或 JPEG 文件。可以缩放加载的内容，或者调整加载器来匹配内容的大小。默认情况下，是调整内容的大小以匹配加载器。也可以在运行时加载内容，并监控加载进度，此时加载的内容被放置在缓存中，当再次播放时不用重新加载。

NumericStepper 组件：该组件由上下方向的箭头按钮和按钮旁边的文本框中的数字组成。用户点击向上或向下按钮时，数字将根据 stepSize 参数中指定的增量递增或递减，直到用户释放按钮或达到最大值或最小值为止。

ProgressBar 组件：显示加载内容的进度。它可用于显示加载图像和部分应用程序的加载状态。可以添加标签来显示加载内容的进度。

RadioButton 组件：使用 RadioButton 组件可以强制用户只能选择一组选项中的一项。该组件必须用于至少有两个 RadioButton 实例的组。

ScrollPane 组件：在一个可滚动区域中显示影片剪辑、JPEG 文件或 SWF 文件。通过使用滚动窗口，可以限制这些媒体类型所占用的屏幕区域的大小。滚动窗口可以显示从本地磁盘或 Internet 加载的内容。

TextArea 组件：它的效果等于将 ActionScript 的 TextField 对象进行换行。可以使用样式自定义 TextArea 组件。

TextInput 组件：它是单行文本组件，该组件是本机 ActionScript TextField 对象的包装。可以使用样式自定义 TextInput 组件；当实例被禁用时，它的内容会显示为 disabledColor 样式表示的颜色。TextInput 组件也可以采用 HTML 格式，或作为掩饰文本的密码字段。

Window 组件：它可以在一个具有标题栏、边框和关闭按钮（可选）的窗口内显示影片剪辑的内容。

Accordion 组件：包含一系列子项的浏览器。子项必须是从 UIObject 类继承的对象。

Alert 组件：能够显示一个窗口，该窗口向用户呈现一条消息以及响应按钮。该窗口包含一个可填充文本的标题栏、一个可自定义的消息和若干可更改标签的按钮。

数据绑定类：它提供了数据绑定功能。

DateField 组件：一个不可选择的文本字段，它显示右边带有日历图标的日期。如果未选定日期，则该文本字段为空白，并且当前日期的月份显示在日期选择器中。当用户在日期字段边框内的任意位置单击时，将会弹出一个日期选择器，当选定某个日期后，会关闭日期选择器，并将所选日期输入到日期字段中。

DataGrid 组件：它能够创建强大的数据驱动和应用程序。

DataHolder 组件：数据的储备库，并且可用于在数据更改时生成事件。它的主要用途是容纳数据，并充当数据绑定时与其他组件之间的连接器。

DataSet 组件：能够将数据处理为可进行索引、排序、搜索、过滤和修改的集合。

DateChooser 组件：一个允许用户选择日期的日历。它包含一些按钮，这些按钮允许用户在月份之间来回滚动并单击某个日期将其选中。可以设置指示月份和日期名称、星期的第一天和任何禁用日期以及加亮显示当前日期的参数。

FLVPlayback 组件：通过 FLVPlayback 组件，可以轻松地将视频播放器包括在 Flash 影片中，以便播放通过 HTTP 渐进式下载的 Flash 视频（FLV）文件，或从 Flash Communication Server（FCS）或 Flash Video Streaming Service（FVSS）播放的 FLV 文件。

Form 类：提供在 Flash 的"屏幕轮廓"窗口中所创建表单运行时的行为。

媒体组件：使用媒体组件能够很方便地将流媒体加入到 Macromedia Flash 演示文稿中。这些组件可以多种方法显示媒体。

Menu 组件：使用户可以从弹出菜单中选择一个项目，这与大多数软件应用程序的"文件"或"编辑"菜单很相似。

MenuBar 组件：使用 MenuBar 组件可以创建带有弹出菜单和命令的水平菜单栏，就像常见的应用程序中包含"文件"菜单和"编辑"菜单的菜单栏一样。MenuBar 组件对 Menu 组件进行了补充，方法是通过提供可点击的界面来显示和隐藏菜单，而这些菜单起到了组合鼠标和键盘交互性操作的作用。

RDBMSResolver 组件：用于保存对外部数据源所作的更改。

Screen 类："屏幕大纲"窗口中创建的屏幕的基类。屏幕是用于创建应用程序和演示文稿的高级容器。

Slide 类：Slide 类对应于分层的幻灯片演示文稿中的节点。在 Flash 中可以使用"屏幕大纲"窗口创建幻灯片演示文稿。

Tree 组件：允许用户查看分层数据。树显示在类似 List 组件的框中，但树中的每一项称为节点，并且可以是叶或分支。默认情况下，用旁边带有文件图标的文本标签表示叶，用旁边带有文件夹图标的文本标签表示分支，并且文件夹图标带有展开箭头，通过点击可以展开和关闭分支。

WebServiceConnector 组件：它可以使用业界标准的 SOAP 访问协议，来访问服务器公开的远程数据。通过使用 Flash 的创作工具和 WebServiceConnector 组件，可以检查、访问和绑定远程 Web 服务器和 Flash 应用程序之间的数据。

XMLConnector 组件：允许使用 GET 和 POST 操作读写 XML 文档。它充当其他组件和外部 XML 数据源之间的连接器。

XUpdateResolver 组件：用于保存对外部数据源所作的更改。

13.1.2　组件的分类

Flash 提供的组件分为以下 6 个类别：

1．数据组件（mx.data.*）

利用数据组件可加载和处理数据源的信息。WebServiceConnector 和 XMLConnector 组件都是数据组件。

注：数据组件的源文件不随 Flash 一起安装，只是安装了一些支持行为的文件。

2．FLVPlayback 组件（mx.video.FLVPlayback）

通过 FLVPlayback 组件可轻松地将视频播放器包括在 Flash 应用程序中，以便通过 HTTP 从 Flash（视频流服务 FVSS）或从 Flash Communication Server（FCS）播放渐进式流视频。

3．媒体组件（mx.controls.*）

利用媒体组件可播放和控制媒体流。MediaController、MediaPlayback 和 MediaDisplay 都是媒体组件。

4．用户界面组件（mx.controls.*）

利用用户界面组件（通常称为"UI 组件"）可与应用程序进行交互。例如，RadioButton、CheckBox 和 TextInput 组件都是用户界面控件。

5．管理器（mx.managers.*）

管理器是不可见的组件，使用此类组件可以在应用程序中管理诸如焦点或深度等功能。FocusManager、DepthManager、PopUpManager、StyleManager 和 SystemManager 都是管理器组件。

6．屏幕组件（mx.screens.*）

屏幕组件包括 ActionScript 类，使用此类组件可以控制 Flash 中的表单和滑块。

13.2　Flash 的组件面板

通过组件面板可以调用 Flash 提供的组件。使用时可以直接从组件面板中拖动目标组件到舞台，然后在参数面板和组件检查器中按需要修改组件的参数。

单击"窗口→组件"命令，打开如图 13-2-1 所示的组件面板。在组件面板中显示了 Flash 内置的组件。

将鼠标指针移至组件面板中的目标组件，按住鼠标左键将其拖动到舞台，就可以使用该组件。

图 13-2-1

使用选择工具选择舞台中的组件。单击
"窗口→组件检查器"命令，打开如图 13-2-
2 所示的组件检查器面板，在组件检查器面板
中可以查看和修改当前组件的参数。

图 13-2-2

注：管理器是不可见的组件。使用时可在动作面板的组件命令夹中查找。如 FocusManager、
PopUpManager 等命令都是管理器组件。

13.3　使　用　组　件

组件是指创建 Flash 应用程序时可以使用的预先构建的 Flash 元素。组件包括用户界面控
件、数据访问和连接性机制以及与介质相关的元素。在构建 Flash 应用程序时，组件可以提供
所需要的元素和行为，所以不必从零开始创建应用程序。

Flash 中每个组件都是针对具体需求开发的。因此，在使用前应明确组件的具体功能，了
解具体的使用对象。

使用时只需要把目标组件拖到舞台中，然后根据实际情况调节参数就可以了。

13.4　小　　结

本章主要介绍了 Flash 中的组件。通过本章的学习，读者应重点掌握组件的使用方法。

13.5　练　习

填空题

Flash　CS3 中的组件有：_____、_____、_____、_____、_____、_____共 6 类。

问答题

（1）简述 ScrollPane 组件的用途和使用方法。
（2）简述 TextArea 的用途和使用方法。

上机练习

(1) 制作一个下载进度条。
(2) 制作一个窗口。

思考题

如何使用组件制作一张数据表？

第14章 测试和发布

通过本章，你应当：

(1) 学会测试 Flash 作品。

(2) 学会发布 Flash 作品。

测试是制作 Flash 作品过程中的重要环节，通过测试可以及时发现问题，然后着手解决，它是控制动画质量的关键。

发布是制作 Flash 作品的最后一步，用户通过发布设置，优化整个作品，减小作品的体积，使作品更易于传播和浏览。

14.1 测试 Flash 作品

测试是制作 Flash 作品必不可少的环节，它贯穿着 Flash 作品的制作全过程。每当完成一个元件或一段动画时就应该进行测试。

通过测试可以发现影片播放中的错误，检测影片中的片段和场景转换是否流畅自然等。然后及时处理发现的问题。

测试时，应按照影片剧本分别对影片中元件、场景和完整影片分步进行测试，这样有助于确认出现问题的位置。

制作完成后可以请人观看，听取观看人的意见，决定修改方向，确保影片真实地表述了制作目的。

14.1.1 创作过程中的测试

对于元件、声音和影片中的一段动画等，在制作完成后应该立刻进行测试。

1.测试按钮状态

按钮制作完成后应测试按钮的弹起、鼠标指针经过、鼠标按下和单击状态的外观。

测试按钮的操作步骤如下：

(1) 按"Ctrl+L"组合键打开库面板。

(2) 单击库面板预览窗口中的"播放"按钮，检测按钮的 4 个状态。

注：执行"控制→启用简单按钮"命令，可以实时显示场景中按钮实例的状态。

2.测试声音

应用声音实例后应测试声音实例的效果、声音与场景中的对象和情节是否对应等。

注：在导入声音时，应该对导入的声音反复处理筛选，这里对声音的测试是指对载入到场景中的声音实例的检测。

测试声音音效的操作步骤如下：

（1）单击时间轴面板中声音所在图层。

（2）单击属性面板中"编辑"按钮，打开"编辑封套"面板。

（3）在"编辑封套"面板中单击"播放"按钮，试听声音效果。可以边试听边调整。

测试声音与场景中人物和情节是否契合的操作步骤如下：

（1）单击时间轴面板中声音所在图层。

（2）在属性面板中查看当前声音是否为数据流格式。若不是，则将格式设为数据流。

（3）按 Enter 键，在当前场景播放影片，注意人物的对话声音与人物嘴型是否一致。背景音乐与当前情节是否相符。

3. 测试动作

设定对象动作后，如 GoTo、Play 和 Stop 等动作，应检测这些动作是否被正确执行。

测试动作的操作步骤如下：

（1）执行"控制→启用简单帧动作"命令。

（2）按一下 Enter 键在当前场景中播放。

（3）当播放到动作帧时，看帧的动作是否启用。或单击设定相应动作的按钮和对象，查看是否正确执行动作。

4. 测试时间轴动画

制作完成补间动画或逐帧动画后，应测试这一片段是否流畅。

测试时间轴动画只需按一下 Enter 键，在编辑场景中播放，检测影片效果是否达到要求。

注：测试动画时，如果该片段中用到了影片剪辑元件，影片剪辑实例会以第1帧静止状态出现在这一片段中。可执行"控制→测试影片"命令，这样会播放动画的全部元素。

14.1.2　使用测试命令测试

编辑环境中只能进行有限的测试，要评估影片剪辑、动作脚本和其他影片中的元素，必须在测试环境中进行测试。可以使用"测试影片"、"测试场景"和"调试影片"命令，在测试环境中测试影片。

"测试影片"和"测试场景"命令位于控制菜单中，"调试影片"位于调试菜单中。"测试影片"、"测试场景"和"调试影片"命令会生成实际的 SWF 文件，用于测试过程的播放。

这3个命令产生的 SWF 文件，使用发布设置生成 SWF 文件。

这3个命令的区别是：

"测试影片"命令会将影片在测试环境中完整地播放。

"测试场景"命令仅在测试环境中播放当前编辑场景或元件，而不是整部影片。

测试环境下可以执行以下测试：

（1）测试影片中的各个元件

在测试环境中可以测试所有影片的元件。

（2）测试动画控制

在测试环境中可以测试动画控制，包括按钮动作和帧动作对影片的控制，例如暂停、播放、跳转等。这些动作控制动画的整体流程。

（3）测试链接

可以测试动画的链接，但无法将变量发送到 Web 服务器。

（4）总体测试

动画的总体测试主要是测试动画的完整性、连续性和场景间的衔接等。

测试的最终目的是减少工作中的失误，使动画变得完美。测试时应把握测试的节奏，逐步逐块地测试，测试工作可以与动画制作同步完成。

"调试影片"命令主要用于测试含有 ActionScript 动作的影片，会在打开影片的同时，打开图 14-1-1 所示的调试器面板，并等待播放命令才会开始播放。

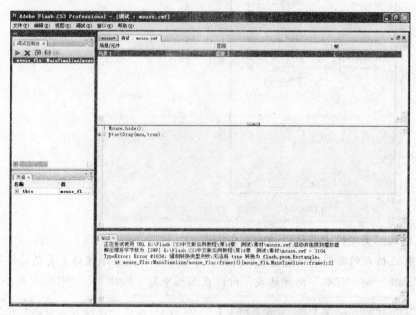

图 14-1-1

通过调试器面板可以非常直观地了解当前影片的结构组成及影片运行状态。可以对影片中的动作进行分析，调试器面板会列出出错的原因。

14.2 发布 Flash 作品

Flash 作品制作完成后，需要将其输出为一个独立产品。从 Flash 中输出产品可以采用以下媒体文件格式：

SWF 文件格式是惟一支持所有 Flash 交互功能的格式，可使用 Flash Player 播放器播放。

MOV 文件格式，可以使用 QuickTime 播放器播放。

AVI 文件格式，可以使用 Windows Media Player 播放器播放。

GIF 文件格式，生成可以直接播放的 GIF 动画。

除上述多媒体格式外，还可以将产品以其他文件格式的图像或图像序列发布。例如 GIF，JPEG，PNG，BMP，PICT 等图像格式。

14.2.1　发布操作

可以使用"发布"和"导出影片"命令，将 Flash 文档发布为产品。

1.使用"发布"命令发布产品的操作步骤如下：

（1）执行"文件→发布设置"命令，打开图 14-2-1 所示的"发布设置"对话框。

图 14-2-1

（2）在格式的类型栏中选择产品的发布格式。

注：只有在格式的类型栏中被选择的类型，才会在面板上显示该格式类型的标签。例如本例选择了"Flash"和"HTML"两种格式，所以在面板中有"Flash"和"HTML"两个标签。

（3）单击"选择发布目标"按钮，即文件栏对应的文件夹形状的按钮，打开如图 14-2-2 所示的"选择发布目标"对话框。

图 14-2-2

（4）在"选择发布目标"对话框中设定文件存放的路径和名称，单击"确定"按钮，完成发布路径和名称设置，返回到如图 14-2-1 所示面板中。

（5）单击"格式"按钮，设置相应的格式选项。

（6）单击"发布"按钮，发布产品。发布的产品放在当前文档所在文件夹中。

（7）单击"确定"按钮，关闭对话框，完成发布。

注：在发布设置中设定好发布项后，可以执行"文件→发布"命令直接发布影片。

2.使用"导出影片"命令发布产品的操作步骤如下：

（1）执行"文件→导出→导出影片"命令，打开如图14-2-3所示的"导出影片"对话框。

图14-2-3

（2）在"保存在"输入栏中设定文件保存的路径。

（3）在"文件名"输入栏中输入文件名称。

（4）单击"保存类型"栏右侧的下拉按钮，弹出如图14-2-4所示的文件类型选择列表，选择文件类型。

图14-2-4

（5）单击"保存"按钮，弹出该文件格式的设置对话框，如图14-2-5所示。

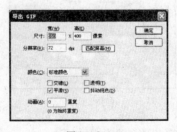

图14-2-5

（6）设置各项参数后，单击"确定"按钮完成产品发布。

发布完成的产品，可以登录到展示Flash作品的相关网站，按照网站提示将作品发送上去。若是自己建的Flash网站，可使用QFTP等相关上传软件将作品发送至目标服务器中。

14.2.2　发布参数设置

发布产品前的参数设置是非常重要的，本节讲解发布设置面板的"格式"下的"类型"选项中各文件格式参数的含义。

注：使用"控制"菜单下的相关测试命令时，测试影片会按照发布设置的方式生成文件。

单击"文件→发布设置"，打开发布设置对话框。

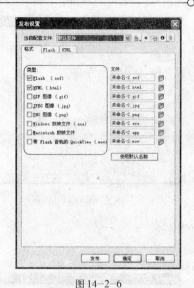

图 14-2-6

"发布设置"对话框的"类型"选项中列出了 Flash 所支持的发布格式，如图 14-2-6 所示。

1. Flash 影片格式参数设置

以 SWF 格式发布的产品，可以保留 Flash 所有的动画功能，图 14-2-7 所示为发布设置面板中的"Flash"标签下的参数。

图 14-2-7

该选项栏中的各项参数作用如下：

"版本"下拉列表框：可以导出用低版本的 Flash Player 也可以看的影片。

"加载顺序"下拉列表框：可以选择首帧所在层的加载方式。这个选项允许用户设置影片播放时的加载顺序，有如下两个选项：

由下而上：加载最下面一层，然后加载随后的所有层。

由上而下：加载最上面一层，然后加载随后的所有层。

"选项"栏中包含以下复选项：

生成大小报告：勾选此复选框，会随产品发布创建一个包含当前产品信息的文本文件。这个文本文件中列出了当前产品的帧、场景、元件、声音压缩和字体所占字节数等详细资料。该文本文件和发布的产品同名，并在同一个目录下。

防止导入：勾选此复选框可以防止他人在 Flash 中使用"导入"命令将文件导入。

省略trace动作：勾选此复选框可删除导出产品中所有跟踪动作，防止别人偷窥用户的源代码。

允许调试：勾选此复选框后，会生成一个调试文件，产品允许在Flash测试环境下打开，可以在测试环境下对产品进行调试。

压缩影片：勾选此复选框可压缩影片，减小生成文件的容量。

密码：在此输入密码，发布的产品允许被导入，但在使用"导入"命令时会弹出一个提示框，提示输入密码。

"JPEG品质"调节参数：允许设置默认压缩量，该压缩量将应用于动画中没有进行独立优化的位图。设置为"0"，导出的位图质量最低（这时的文件最小）；设置为"100"，导出的位图质量最高（这时的文件最大）。如果导出的产品中不包含位图图像，则该项设置不产生任何效果。

"音频流"和"音频事件"：可以对产品中所有的流式声音设置压缩比。单击"设置"按钮，可以在打开的"声音设置"对话框中设置声音的压缩格式、比特率和品质。

"覆盖声音设置"：勾选此复选框，在库中对声音的压缩设置将不起作用，并将全部套用"音频流"和"音频事件"中的声音设定。

"导出设备声音"：勾选此复选框，会将当前文件中的声音导出为一个声音文件。

2.HTML格式参数设置

图14-2-8所示为HTML选项参数设置栏，其各项参数作用如下：

图14-2-8

"模板"：生成HTML文件所用的模板，可以单击"信息"按钮查看当前模板的介绍。

"检测Flash版本"：勾选此复选框可以检测文件版本。勾选此复选框后"设置"按钮被激活，单击"设置"按钮可以设置当前检测文件名、内容文件名和替换文件名。

"尺寸"：定义插入到HTML文件中的Flash影片的长和宽，有以下3个选项：

匹配影片：设定生成的产品和制作的文档长和宽相同。

像素：选择该项后，可在宽和高选项栏中设定影片的宽和高。

百分比：选择该项后，可在宽和高选项栏中以百分比形式设定影片的宽和高。

"回放"包含下列复选框：

开始时暂停：勾选此复选框后打开 HTML 文件时，影片不立即播放，处于停止状态。

显示菜单：勾选此复选框后，在生成的 HTML 页面中单击鼠标右键，会弹出影片播放控制菜单。

循环：勾选此复选框时会循环播放影片。但对包含停止帧动作的影片无效。

设备字体：勾选此复选框后，使用系统字体替换当前文件中系统没安装的字体。

"品质"：可选择影片中图形的质量。选项有"低"、"自动降低"、"自动升高"、"中和高"。

"窗口模式"：可以选择影片的窗口模式，仅用于带有 Flash 控件的网页浏览器。有以下 3 个选项：

窗口：影片在网页的矩形窗口中播放，这一设置提供最优的影片播放速度。

不透明窗口：播放影片的窗口为不透明，可以遮盖影片窗口后面的元素。

透明窗口：可以将网页的背景透过影片中透明部分显示出来。

"HTML 对齐"：设定影片在网页中的位置，有以下 5 个选项：

默认：影片播放时位于浏览器窗口的中央，如果浏览器窗口小于影片窗口，则对影片边缘进行剪切。

左对齐：影片位于浏览器窗口的左边，如果浏览器窗口小于影片窗口，则对影片边缘进行剪切。

右对齐：影片位于浏览器窗口的右边，如果浏览器窗口小于影片窗口，则对影片边缘进行剪切。

顶部：影片位于浏览器窗口的最上边，如果浏览器窗口小于影片窗口，则对影片边缘进行剪切。

底部：影片位于浏览器窗口的最下边，如果浏览器窗口小于影片窗口，则对影片边缘进行剪切。

"缩放"：影片的缩放方式，有以下 4 个选项：

默认（显示全部）：使用等比例缩放显示全部影片。

无边框：使用原比例显示影片，但不显示影片的播放窗口。

精确匹配：使用非等比例的方式缩放影片。

无缩放：保持影片原始大小。

"Flash 对齐"：设定影片的对齐方式。通过水平和垂直两个方向设定对齐方式。

"显示警告信息"：设定是否显示关于标签冲突的警告信息。

Flash 中的其他格式不常用到，理解了前面讲解的知识后，可以很容易地理解其他格式的参数，这里不再赘述。

14.3　创建自带播放器的影片

以自带播放器的形式导出的影片，可以在所有 PC 机上播放 Flash 影片。

1.使用"发布设置"对话框导出带播放器的影片

（1）在 Flash 中打开制作好的 Flash 文档。

注：是可编辑的文档，不是发布或者导出的产品。

（2）单击"文件→发布设置"命令，打开"发布设置"对话框。

（3）勾选"Windows 放映文件（.exe）"复选框，如图 14-3-1 所示。

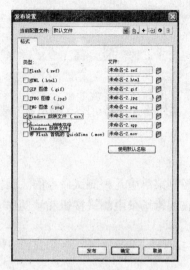

图 14-3-1

（4）设定发布目录。

（5）单击"发布"按钮，发布影片。

（6）单击"确定"按钮，退出"发布设置"对话框。

完成发布。

2.将已发布的 SWF 文件转为带播放器的影片

（1）使用 Flash player 播放器播放 SWF 格式影片。

（2）如图 14-3-2 所示，执行"文件→创建播放器"命令，打开"另存为"对话框。

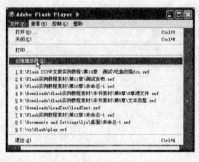

图 14-3-2

（3）在"另存为"对话框中设定创建影片的名称和存储路径，单击"保存"按钮，将影片存储为带播放器的影片格式。

14.4 小 结

本章主要讲解了测试一个完整的 Flash 动画及发布的流程，并介绍了在 Flash 动画测试过程中应当注意的事项，以及 Flash 动画的发布设置。

14.5 练 习

填空题

(1) 测试影片的命令有——、——、——。

(2) ——文件格式支持Flash的所有功能。

问答题

(1) 简述控制菜单中几种测试命令的区别。

(2) 如何在编辑场景中测试按钮和帧动作？

上机练习

(1) 制作一个动画，并测试每一环节。

(2) 试着以不同格式发布自制的 Flash 影片。

(3) 制作一个带影片播放器的影片。

(4) 调整影片在网页中显示的位置。

思考题

(1) 如何防止别人盗用自己发布的影片？

(2) 将自己发布的影片导入到当前文件中，导入的影片文件与源文件间有何区别？（试着导入并对比两者的区别。）

第15章　在Flash中创建其他新项目

通过本章，你应当：

(1) 学会创建幻灯片演示文稿。

(2) 了解 ActionScript 文件的建立。

(3) 了解 Flash JavaScript 文件的建立。

(4) 了解 Flash 项目的建立。

执行"文件→新建"命令，打开图15-0-1所示的新建文档对话框。在新建文档对话框中还包含幻灯片、表单等其他文档项目，本章就简单介绍这些文档的建立方法。

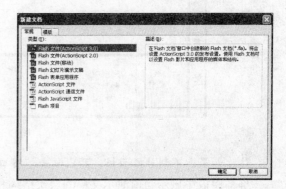

图 15-0-1

在了解本书前面章节的知识后，应该可以很快掌握这些文稿的建立方法。这些文稿的建立都是使用Flash提供的功能，完成特定的工作。

15.1　Flash 幻灯片演示文稿和表单的建立

Flash 提供了一种用幻灯片屏幕创建演示文稿的方法，它可以将媒体以幻灯片的形式放置在屏幕上，并且在运行时使用内置控件在幻灯片之间进行切换。本节按照操作顺序简单介绍幻灯片演示文稿的制作方法。

表单应用程序与演示文稿的建立方法基本相同，本节以幻灯片演示文稿为例讲解。

15.1.1　了解幻灯片的层次结构和屏幕的时间轴

向幻灯片中添加内容的方法与向 Flash 文档添加内容的方法基本相同。幻灯片演示文稿是嵌套的影片剪辑，它依赖于层次结构、嵌套的时间轴。组成幻灯片中的每一个屏幕都存在于隐藏的根时间轴的第1帧中，而且所有屏幕内容都加载到第1帧。

执行"文件→新建"命令，在打开的新建文档对话框中选择"Flash 幻灯片演示文稿"，单击"确定"按钮，新建一个幻灯片演示文稿。

图15-1-1所示为Flash幻灯片演示文稿的工作界面。

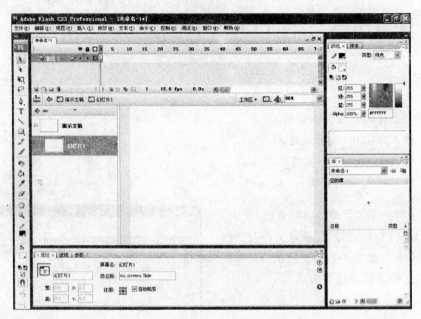

图15-1-1

注：如果看不到屏幕面板，可以单击"窗口→其他面板→屏幕"命令，打开屏幕面板。

屏幕面板中显示当前演示文稿的层次结构和每张幻灯片的缩略图。当在屏幕面板中选择目标幻灯片时，该幻灯片会显示在舞台中。当选择多张幻灯片时，位于屏幕面板中的第一张幻灯片的内容会显示在舞台中。

注：组成幻灯片文档的每一张幻灯片被称为屏幕。

Flash的幻灯片都包含一个演示文稿屏幕，该屏幕位于屏幕层次结构的顶层。演示文稿屏幕中的内容可以出现在文档中的所有幻灯片中。

注：不能删除或移动演示文稿屏幕。

在组成幻灯片的文档中，以缩进形式表现演示文稿中嵌套屏幕或子屏幕，可以通过单击"+"号按钮，展开或折叠带有子屏幕的嵌套屏幕。

在幻灯片文档中，每个屏幕都有各自的时间轴。

15.1.2 查看屏幕属性

可以在屏幕面板中选择目标幻灯片，然后可以通过属性面板查看和修改幻灯片的属性。

如图15-1-2所示，在屏幕面板中选择目标幻灯片，在属性面板中显示了当前幻灯片的属性。在属性面板中可修改实例名称，这也是当幻灯片出现在屏幕面板中时该幻灯片的名称。

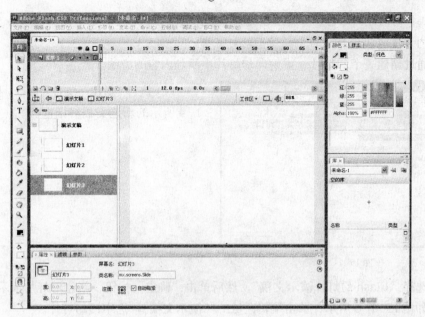

图 15-1-2

如果在舞台中建立或选择当前幻灯片中的目标对象，在属性面板中会显示当前目标对象的各项属性，如图 15-1-3 所示。

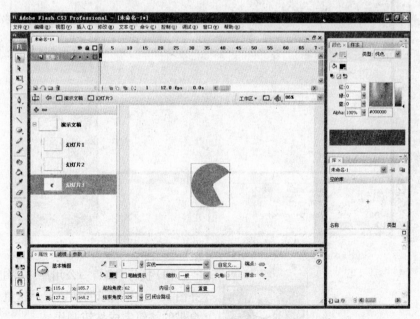

图 15-1-3

15.1.3 向演示文稿幻灯片添加内容

为了可以控制幻灯片的前进和后退，需要为幻灯片演示文稿添加导航按钮，即让这些按钮出现在演示文稿中的每张幻灯片上。这里可以使用演示文稿屏幕，为幻灯片演示文稿添加导航按扭。

注：Flash的幻灯片都包含一个演示文稿屏幕，该屏幕位于屏幕层次结构的顶层。演示文稿屏幕中的内容可以出现在文档中的所有幻灯片中。

本节通过新建一个幻灯片，讲解向幻灯片中添加内容的方法。

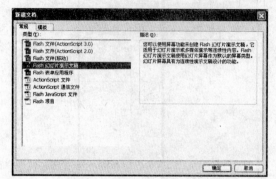

（1）执行"新建→文件"命令，打开图15-1-4所示的新建文档对话框。

图15-1-4

（2）选择"Flash 幻灯片演示文稿"，然后单击"确定"按钮，新建幻灯片演示文稿。

（3）如图15-1-5所示，单击编辑区域的"演示文稿"，选中该幻灯片。

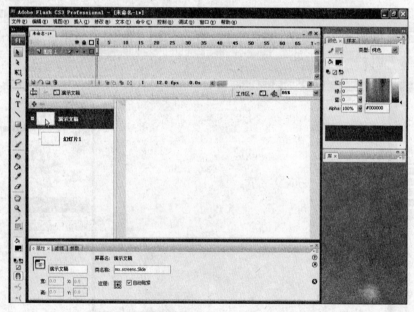

图15-1-5

（4）执行"窗口→公用库→按钮"命令，打开图15-1-6所示的按钮库。这里使用Flash自带的按钮完成按钮制作。

图15-1-6

（5）拖动相关的目标按钮到舞台中，结果如图 15-1-7 所示。

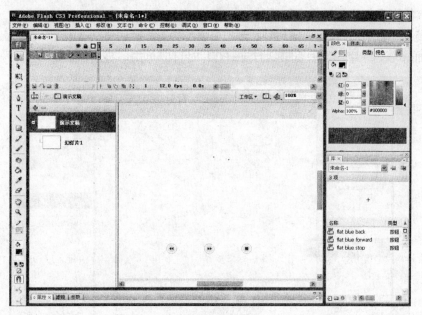

图 15-1-7

（6）执行"窗口→行为"命令，打开行为面板。

（7）如图 15-1-8 所示，选择目标按钮，然后单击行为面板的"+"号按钮，在弹出的菜单中选择"屏幕→转到前一幻灯片"命令，完成向前跳转的导航按钮的添加。

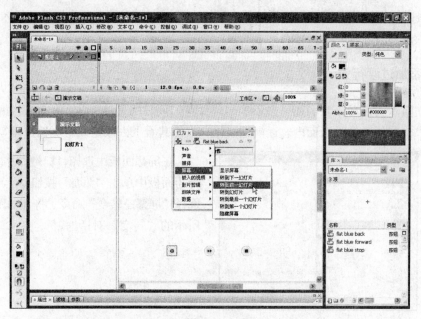

图 15-1-8

（8）使用类似的方法，完成其他导航按钮的设置。

（9）设置完成导航按钮后，可以向幻灯片中添加内容。单击屏幕面板中的目标幻灯片，然后向舞台添加具体内容。

向幻灯片中添加具体内容的操作可以参照本书其他章节的内容，与建立Flash文档时向舞台添加内容的操作相同，这里不再赘述。

　　如图15-1-9所示，当需要向幻灯片文档中添加幻灯片时，可以单击屏幕面板上的"＋"号按钮，添加新的幻灯片。当需要删除当前幻灯片时可以单击屏幕面板上的"－"号按钮。

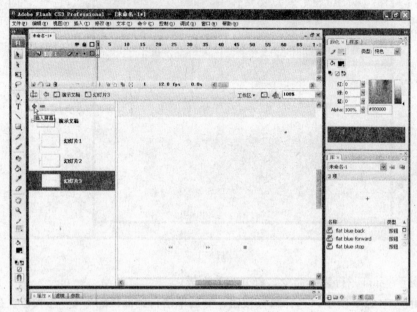

图15-1-9

　　还可将鼠标指针移至目标幻灯片，单击鼠标右键，在弹出的菜单中选择"插入嵌套屏幕"命令，为当前幻灯片建立子屏幕。

15.1.4　添加过渡行为

　　在建立演示文稿后，我们还可以添加幻灯片在切换时的过渡行为，使演示文稿更生动活泼。例如，幻灯片跳转时画面内容逐渐地淡化，或使其看上去像是飞出文档窗口等效果。

　　在屏幕面板中选择目标幻灯片。在打开的行为面板中单击"添加"按钮，然后从菜单中选择"屏幕→转变"命令，打开如图15-1-10所示的"转变"对话框。

图15-1-10

　　在"转变"对话框中选择目标过渡行为，单击"确定"按钮完成过渡行为的添加。

　　制作完成后，就可以将幻灯片发布出去，具体的发布设置在本书的第14章中已经进行了讲解，这里不再赘述。

15.2　Flash 动作文件的建立

通过 Flash 可以直接开发应用程序。Flash 提供了如下应用程序的开发手段，分别是 ActionScript 文件、ActionScript 通信文件和 Flash JavaScript 文件。

在建立这 3 种文件时，需要相关编程知识的支持，读者只有掌握了相关的编程知识才能顺利地以这 3 种方式建立动作文件。所以本节仅简单介绍这 3 种文件的用途和 Flash 提供的工作环境。

ActionScript 文件：使用 ActionScript 文件可以将全部的 ActionScript 代码保存在 FLA 文件以外的位置，这样有助于代码的管理。此外，当多人完成 Flash 内容的不同部分时，这些文件可以有效区分不同工作人员的内容重点，如动画人员完成角色部分，编程人员利用 ActionScript 文件完成代码部分。

ActionScript 通信文件：用于存储将在运行 Flash Communication Server 的服务器计算机中执行的 ActionScript 文件。这些文件提供了实现与 SWF 文件中的 ActionScript 结合使用的服务器端逻辑的功能。

Flash JavaScript 文件：可用于向 Flash 创作工具添加新功能的 JavaScript 文件。

图 15-2-1 所示为建立动作文件的工作界面。

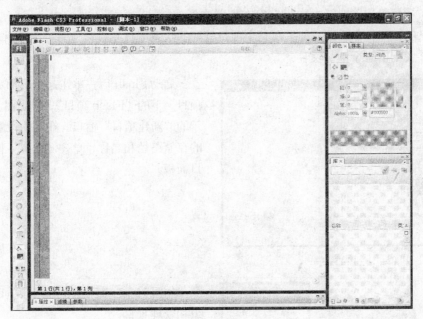

图 15-2-1

15.3　创 建 项 目

Flash 提供项目功能以管理多个文档文件。项目可以将多个相关文件组织在一起以创建复杂的应用程序。

将版本控制功能与项目配合使用，可以确保在编辑期间使用正确的文件版本，以及防止意外覆盖文件。要使用版本控制功能，必须先向项目添加文件。

Flash的项目具有以下特性：

（1）Flash的项目可以包含任何Flash或其他文件类型。例如，包括以前的FLA和SWF文件版本。

（2）可以向Flash的项目中添加现有文件。每个文件不能重复添加到特定的项目。

（3）Flash的项目文件是扩展名为flp的XML文件。例如，myProject.flp，该XML文件含有在Flash项目中引用的所有文档文件信息。

（4）Flash项目可以包含另一个Flash项目，即可以包含FLP文件。

（5）对项目所作的更改会立即更新到FLP文件中，因此该文件总是保持最新状态，无需执行保存文件的操作。

在Flash的创作环境中可以直接创建Flash项目，也可以新建应用程序的形式建立项目。

15.3.1 创建和管理项目

在Flash中是使用项目面板来创建和管理项目。项目面板通过一个可折叠的树形结构显示Flash项目的内容。该面板的标题栏显示项目名称。

发布项目时是使用项目中每个FLA文件自身的发布配置发布这些文件的。在发布项目之前，应在"项目设置"对话框中指定发布配置文件。

一次只能打开一个项目。如果在某个项目打开的状态下打开或创建另一个项目，Flash会自动保存并关闭前一个项目文件。

启动Flash后，单击起始页面中"创建新项目"下的"Flash项目"，弹出图15-3-1所示的"新建项目"窗口，在其中设置新建项目的存储路径和名称，单击"保存"按钮打开项目面板。

图15-3-1

如图15-3-2所示，可以在项目面板中组织和管理项目。

注：单击"窗口→项目"命令，也可以打开项目面板。通过单击"调试器"按钮，在弹出的菜单中选择"新建项目"，也可以完成项目的新建，如图15-3-3所示。

图15-3-2　　　　图15-3-3

要打开已有的项目，可以单击项目面板的"调试器"按钮，在如图15-3-3所示的弹出菜单中选择"打开项目"，在弹出的窗口中选择目标项目，完成项目的打开。

创建文件夹的操作如下：

单击项目面板右下角的"文件夹"按钮，在
弹出的如图 15-3-4 所示的"新建文件夹"窗
口中输入文件夹名称，然后单击"确定"按钮
完成创建文件夹操作。

图 15-3-4

注：在项目树形结构中，位于相同分支上的相同层中的文件夹必须具有惟一的名称。如果
文件夹名称发生冲突，Flash 会有提示出错的信息弹出。

将文件添加到项目的操作如下：

注：在将文件添加到项目之前必须先保存该添加文件。只能将文件添加到特定的项目一
次。如果试图将文件多次添加到相同的项目，Flash 会显示一条出错消息。

单击项目面板的右下角的"将文件添加到
项目"按钮，弹出如图 15-3-5 所示的对话框，
在该对话框中选择目标文件，将文件添加到
项目中。

图 15-3-5

移动文件或文件夹的操作如下：

拖动文件或文件夹到项目树形结构中的目标位置，完成目标文件或文件夹的移动。

注：移动文件夹时，它包含的所有内容也会被移动。如果将文件夹拖到的位置中具有另一
个名称相同的文件夹，Flash 会在新位置中合并这两个文件夹的内容。

删除某个文件或文件夹的操作如下：

单击项目面板中的目标文件或文件夹，然后单击面板右下角的"删除"按钮或按 Delete 键
完成删除。

15.3.2　测试和发布项目

单击项目面板中的"测试项目"按钮，即可测试当前项目。

注：如果该项目未包含 FLA、HTML 或 HTM 文件，Flash 会显示一条出错消息。单击"确定"
按钮后，向项目中添加适当类型的文件。

如果没有 FLA、HTML 或 HTM 文件被指定为默认文档，Flash 会显示一条出错消息。单击"确
定"按钮。在"选择默认文档"对话框中，选择一个文档，然后单击"确定"按钮。

在默认文档存在时，"测试项目"功能会发布该文档中的所有 FLA 文件，然后开始测试。若
默认文档是 FLA 文件，则会执行"测试影片"命令。若它是 HTML 文件，则会打开浏览器进行
测试。

为项目中的目标 FLA 文件指定目标站点的操作如下：

图 15-3-6

在项目面板中选择目标文件，单击"项目"按钮，在弹出的菜单中选择"设置"，打开图15-3-6所示的"项目设置"对话框。

单击站点栏，在弹出的菜单中选择目标 Dreamweaver 站点。

在"配置文件"栏中选择一个发布配置文件，单击"确定"按钮完成操作。

发布项目的操作如下：

单击项目面板的"调试器"按钮，在弹出的菜单中选择"发布项目"，完成发布操作。

15.3.3 关闭项目

关闭项目的操作如下：

单击"调试器"按钮，在弹出的菜单中选择"关闭项目"。

注：默认情况下，关闭某个项目时 Flash 会关闭该项目中的所有文件。

15.4 小 结

本章讲解了 Flash 创建新项目下的其他项目的建立方法。通过本章的学习，读者应重点掌握幻灯片演示文稿的建立方法，对于其他文档的建立只需大致了解。

15.5 练 习

上机练习

（1）使用 Flash 建立一个幻灯片演示文稿。

（2）创建一个项目，并完成测试和发布相关的操作。

第16章 综合实例

通过本章，你应当：

（1）了解制作动画的一般流程。

（2）了解安排角色进程顺序。

16.1 公 司 片 头

图16-1-0所示为某公司的片头。制作这
个片头使用了运动引导层功能，在制作过程
中注重处理场景的过渡和衔接。

图16-1-0

16.1.1 元件制作

（1）启动Flash CS3后，单击起始页面中"新建"栏下的"Flash文件"，新建一个Flash
文件。

（2）单击"修改→文档"命令，打开文档属性面板。

（3）在文档属性面板中按图16-1-1所示进行设置，单击"确定"按钮，完成设置。

（4）执行"文件→导入→导入到库"命令，打开如图16-1-2所示的"导入到库"窗口。

图16-1-1

图16-1-2

（5）在导入到库窗口中，查找并选择目标素材后单击"打开"按钮，将素材导入。

注：制作Flash动画经常需要在外部处理好相关素材，如声音、位图等，然后再将素材导入到 Flash 中使用，以弥补 Flash 功能上的不足。

本例的声音素材是使用 Samplitude 软件截取并处理的高山流水中的一段音乐；在 Photoshop 中调整背景图像的色彩饱和度。

图 16-1-3

（6）单击"窗口→库"命令，打开图16-1-3所示的库面板。单击库面板的"新建元件"按钮，弹出"创建新元件"对话框。

图 16-1-4

（7）在"创建新元件"对话框中，按图16-1-4所示进行设置后，单击"确定"按钮，进入元件编辑界面。

图 16-1-5

（8）使用工具箱中的文本工具，输入文字"计算机视觉"，字体设为"宋体"。

（9）单击时间轴面板的第2帧，按F5键插入空白帧，结果如图 16-1-5所示。

（10）单击时间轴面板的第3帧，按F7键插入空白关键帧。

（11）使用文本工具，输入文字"艺术和设计"，字体设为"宋体"。

图 16-1-6

（12）单击时间轴面板的第4帧，按F5键插入空白帧，结果如图 16-1-6所示。

（13）单击时间轴面板的第5帧，按F7键插入空白关键帧。

（14）使用文本工具，输入文字"计算机图形"，字体设为"宋体"。

图 16-1-7

（15）单击时间轴面板的第6帧，按F5键插入空白帧，结果如图 16-1-7所示。

（16）单击时间轴面板的第7帧，按F7键插入空白关键帧。

（17）使用文本工具，输入文字"做你所想"，字体为宋体。

(18) 单击时间轴面板的第 8 帧，按 F5 键插入空白帧，结果如图 16-1-8 所示。

图 16-1-8

(19) 按 "Ctrl+I" 组合键，打开信息面板。

(20) 如图 16-1-9 所示，使用信息面板，将时间轴面板的第 1、3、5、7 帧文字的左顶点坐标设为 X=0、Y=0。

图 16-1-9

(21) 单击库面板的 "新建元件" 按钮，弹出创建新元件对话框。

(22) 按图 16-1-10 所示进行设置，单击 "确定" 按钮，进入元件编辑界面。

图 16-1-10

(23) 在元件编辑界面中，按图 16-1-11 所示绘制形状。

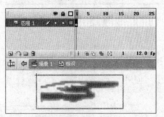

图 16-1-11

(24) 单击库面板的 "新建元件" 按钮，弹出 "创建新元件" 对话框。

(25) 按图 16-1-12 所示进行设置，单击 "确定" 按钮，进入元件编辑界面。

图 16-1-12

(26) 从库面板中将 "标识" 元件拖入元件编辑界面中。

(27) 按 "Ctrl+T" 组合键，打开变形面板。

(28) 如图 16-1-13 所示，在变形面板中设定旋转角度为 90 度，按 Enter 键应用变形。

图 16-1-13

(29) 在变形面板中设置旋转角度为 75 度，单击 "复制并应用变形" 按钮，结果如图 16-1-14 所示。

图 16-1-14

(30) 执行 "窗口→属性" 命令，打开属性面板。

(31) 按图 16-1-15 所示设置复制变形后的图形的颜色。

图 16-1-15

图 16-1-16

图 16-1-17

图 16-1-18

图 16-1-19

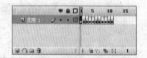

图 16-1-20

图 16-1-21

图 16-1-22

图 16-1-23

（32）在变形面板中设置递减数为 15，应用复制变形，每一新复制的变形图形以 15 为递减数改变颜色的 Alpha 值，结果如图 16-1-16 所示。

（33）选择所有的变形图形，按"Ctrl+G"组合键，将这些图形组合成一个群组。

（34）在信息面板中，按图 16-1-17 所示设置。

（35）单击库面板的"新建元件"按钮，打开"创建新元件"对话框。

（36）按图 16-1-18 所示进行设置，单击"确定"按钮，进入元件编辑界面。

（37）将"标识变形"元件从库中拖入编辑界面。

（38）在信息面板中按图 16-1-19 所示进行设置。

（39）连续按 F6 键，连续插入关键帧至第 11 帧，如图 16-1-20 所示。

（40）单击第 2 帧，在变形面板的"旋转"文本框中输入 30，如图 16-1-21 所示，按 Enter 键完成设置。

（41）单击第 3 帧，在变形面板的"旋转"文本框中输入 60，如图 16-1-22 所示，按 Enter 键完成设置。

（42）以此类推，以 30 为递增量，依次设置以后各帧的旋转度数。完成"转动标识"元件的制作。

（43）单击库面板的"新建元件"按钮，打开"创建新元件"对话框。

（44）按图 16-1-23 所示进行设置，单击"确定"进入元件编辑界面。

（45）使用文本工具，输入公司片头的名称，字体设为"圆叠体简"，结果如图16-1-24所示。

图16-1-24

（46）单击库面板的"新建元件"按钮，弹出"创建新元件"对话框。

（47）在"创建新元件"对话框中，设置名称为"山水画"，类型为"图形"。单击"确定"按钮，进入元件编辑界面。

（48）将前面导入的图形元件从库面板中拖动至编辑界面中，结果如图16-1-25所示。

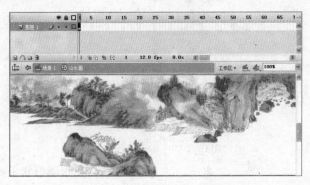

图16-1-25

（49）单击库面板中的"新建元件"按钮，打开"创建新元件"对话框。

（50）在"创建新元件"对话框中，设置名称为"水滴形状"，类型为"图形"。单击"确定"按钮，进入元件编辑界面。

（51）在工具箱中设置笔触色与填充色为相同的灰色，如图16-1-26所示。

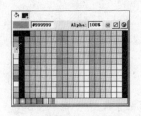

图16-1-26

（52）使用椭圆工具在编辑界面中画一个圆形，如图16-1-27所示。

图16-1-27

（53）使用选择工具，按住Ctrl键，将鼠标指针移至圆上方边线中间位置并拖动，结果如图16-1-28所示。

图16-1-28

图 16-1-29

（54）使用选择工具适当调整后形成两侧边线的弧度，结果如图 16-1-29 所示。

图 16-1-30

（55）单击刷子工具，填充色的灰度设为较浅一级的灰度，选项设为"内部绘画"，并选择一个合适的笔刷形状和大小，结果如图 16-1-30 所示。

图 16-1-31

（56）在水滴形状上画出水滴的高光，结果如图 16-1-31 所示。

（57）单击库面板的"新建元件"按钮，弹出"创建新元件"对话框。

（58）在"创建新元件"对话框中，设置名称为"数字水"，类型为"图形"。单击"确定"按钮，进入元件编辑界面。

（59）使用文本工具，制作如图 16-1-32 所示的形状。

图 16-1-32

（60）单击库面板的"新建元件"按钮，弹出"创建新元件"对话框。

（61）在"创建新元件"对话框中，设置名称为"水波效果"，类型为"影片剪辑"。单击"确定"按钮，进入元件编辑界面。

图 16-1-33

（62）使用椭圆工具，设置笔触色为灰色，填充色为无，画一个如图 16-1-33 所示的椭圆。

（63）单击时间轴面板第 12 帧，按 F7 键插入空白关键帧。

（64）使用椭圆工具，设置笔触色为灰色，填充色为无，画一个椭圆。

（65）使用选择工具调整椭圆，结果如图16-1-34所示。

图 16-1-34

（66）单击时间轴面板的第1帧，在属性面板中设置补间为"形状"。

（67）将鼠标指针移至库面板中的"水波效果"元件，单击鼠标右键弹出快捷菜单。

（68）单击快捷菜单中的"直接复制"命令，打开图16-1-35所示的"直接复制元件"对话框。

图 16-1-35

（69）在"直接复制元件"对话框中，设置名称为"水波效果1"，类型为"影片剪辑"。

（70）使用同样的方法复制元件，并命名为"水波效果2"。

（71）将鼠标指针移至库面板中"水波效果1"元件，双击鼠标左键进入"水波效果1"元件编辑界面。

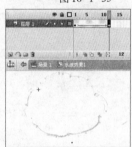

图 16-1-36

（72）单击时间轴面板第12帧，使用选择工具将其调整至如图16-1-36所示的形状。

（73）将鼠标指针移至库面板中"水波效果2"元件，双击鼠标左键进入"水波效果2"元件编辑界面。

（74）单击时间轴面板中图层1的第12帧，使用选择工具将其调整至如图16-1-37所示的形状。

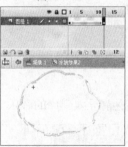

图 16-1-37

（75）单击库面板的"新建元件"按钮，弹出"创建新元件"对话框。

（76）在"创建新元件"对话框中，设置名称为"帷幕"，类型为"图形"。单击"确定"按钮进入元件编辑界面。

（77）选择矩形工具，设置笔触色与填充色均为黑色，画出一个宽800像素、高600像素的矩形。结果如图16-1-38所示。

图 16-1-38

（78）单击库面板的"新建元件"按钮，弹出"创建新元件"对话框。

（79）在"创建新元件"对话框中，设置名称为"中心"，类型为"图形"。单击"确定"按钮，进入元件编辑界面。

图 16-1-39

（80）使用文本工具，字体设为"篆书繁"，文字颜色设置为红色，输入文字"图形图像设计"，结果如图 16-1-39 所示。

（81）单击库面板的"新建元件"按钮，弹出"创建新元件"对话框。

（82）在"创建新元件"对话框中，设置名称为"中心1"，类型为"图形"。单击"确定"按钮，进入元件编辑界面。

图 16-1-40

（83）使用文本工具，字体设为"圆叠体简"，文字颜色设为白色，输入"学习"，如图 16-1-40 所示。

（84）使用第（82）和（83）步的方法，建立元件"中心2"、"中心3"、"中心4"，分别输入文字"交流"、"培训"、"实践"。

至此，本例中所需的元件全部制作完成，下面开始在主时间轴中编排这些元件。

16.1.2　编排动画

（1）从库面板中将之前导入到库的音乐文件拖动至舞台中。

图 16-1-41

（2）双击图层1的名称处，重命名图层为"背景音乐"，如图 16-1-41 所示。

（3）单击时间轴"背景音乐"图层的第215帧，按F5键插入空白帧。

注：因为在制作片头前已经确定了片头的时间为18秒，音乐也是按18秒时间剪辑的，所以第215帧的播放时间也是音乐的播放时间。

图 16-1-42

（4）单击时间轴的"插入图层"按钮，新建图层2并命名为"帷幕下"，如图 16-1-42 所示。

（5）从库中拖动"帷幕"元件至舞台中。

（6）使用信息面板，按图16-1-43所示设置"帷幕"元件实例的位置。

图16-1-43

（7）单击时间轴"帷幕下"图层的第24帧，按F6键插入关键帧。

（8）在信息面板中按图16-1-44所示设置帷幕的位置。

图16-1-44

（9）单击时间轴"帷幕下"图层的第1帧，在属性面板中设置补间为"动画"。

（10）单击时间轴"帷幕下"图层的第43帧，按F6键插入关键帧。

（11）按图16-1-45所示设置信息面板。

（12）单击时间轴"帷幕下"图层的第24帧，在属性面板中设置补间为"动画"。

图16-1-45

（13）单击时间轴面板的"插入图层"按钮，新建图层3，并命名为"帷幕上"，如图16-1-46所示。

图16-1-46

（14）从库中拖动"帷幕"元件至舞台。

（15）按图16-1-47所示设置信息面板中各项的值。

（16）单击时间轴"帷幕上"图层的第24帧，按F6键插入关键帧。

（17）按图16-1-48所示设置信息面板中各项的值。

（18）单击时间轴"帷幕上"图层的第1帧，在属性面板中设置补间为"动画"。

（19）单击时间轴"帷幕上"图层的第43帧，按F6键插入关键帧。

（20）按图16-1-49所示设置信息面板中各项的值。

图16-1-47

图16-1-48

图16-1-49

（21）单击时间轴"帷幕上"图层的第24帧，在属性面板中设置补间为"动画"。此时时间轴如图16-1-50所示。

图16-1-50

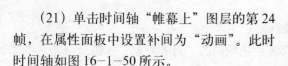

图 16-1-51

图 16-1-52

图 16-1-53

图 16-1-54

图 16-1-55

（22）单击时间轴面板的"插入图层"按钮，新建图层4，并命名为"主题右"，如图16-1-51所示。

（23）在时间轴面板中，拖动"主题右"图层至图层最下方，如图 16-1-52 所示。

（24）单击时间轴"主题右"图层的第38帧，按F7键插入空白关键帧。

（25）从库面板中拖动"标识变形"元件至舞台中。

（26）按图 16-1-53 所示设置信息面板中各项的值。

（27）单击时间轴"主题右"图层的第43帧，按F6键插入关键帧。

（28）按图 16-1-54 所示设置信息面板中各项的值。

（29）单击第 38 帧，在属性面板中将补间设为"动画"。

（30）单击时间轴面板的"插入图层"按钮，新建图层5，并命名为"动态标识"，如图16-1-55 所示。

（31）单击时间轴"动态标识"图层的第 28 帧，按 F7 键插入空白关键帧。

（32）从库面板中拖动"转动标识"元件至舞台中。

（33）单击时间轴"动态标识"图层的第 40 帧，按 F6 键插入关键帧。

图 16-1-56

图 16-1-57

（34）单击时间轴面板的"添加运动引导层"按钮，即为"动态标识"图层添加引导层，如图 16-1-56 所示。

（35）使用线条工具画一条直线，按图16-1-57所示设置信息面板中各项的值。

（36）单击时间轴"动态标识"图层的第 28 帧。

（37）单击工具箱的选择工具后，按下工具箱中选项栏的"对齐对象"按钮。

（38）拖动舞台中的"转动标识"元件实例与直线左端点对齐，如图16-1-58所示。

图16-1-58

（39）单击时间轴"动态标识"图层第40帧。

（40）使用选择工具拖动"转动标识"元件实例与直线的右端点对齐，如图16-1-59所示。

图16-1-59

（41）单击时间轴"动态标识"图层的第28帧，在属性面板中设置补间为"动画"。

（42）单击时间轴"主题右"图层。

（43）单击时间轴面板的"插入图层"按钮，新建图层7并命名为"水滴"，如图16-1-60所示。

图16-1-60

（44）单击时间轴"水滴"图层的第24帧，按F7键插入空白关键帧。

（45）从库面板中拖动"水滴形状"元件到舞台。

（46）按图16-1-61所示设置信息面板中各项的值。

图16-1-61

（47）单击时间轴"水滴"图层的第43帧，按F6键插入关键帧。

（48）按图16-1-62所示设置信息面板中各项的值。

图16-1-62

（49）单击时间轴"水滴"图层的第24帧，在属性面板中设置补间为"动画"。

（50）单击时间轴"水滴"图层第44帧，按F6键插入关键帧。

（51）单击时间轴"水滴"图层第63帧，按F6键插入关键帧。

（52）将鼠标指针移至舞台中的"水滴形状"元件，单击鼠标右键，弹出快捷菜单。

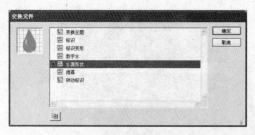

图 16-1-63

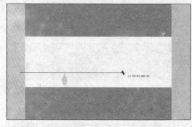

图 16-1-64

（53）单击快捷菜单中的"交换元件"命令，弹出如图16-1-63所示的"交换元件"对话框。

（54）在"交换元件"对话框中单击"数字水"元件，单击"确定"按钮，舞台中的"水滴形状"元件实例被"数字水"元件实例替换，如图16-1-64所示。

注：替换后的元件实例保持被替换元件实例的所有属性。

（55）单击时间轴"水滴"图层的第44帧，按"Ctrl+B"组合键分离"水滴形状"元件实例。

（56）在属性面板中设置补间为"形状"。

（57）单击时间轴"水滴"图层第63帧，按3次"Ctrl+B"组合键分离"数字水"元件实例。

图 16-1-65

（58）单击时间轴"水滴"图层第64帧，按住Shift键单击"水滴"图层的215帧，全选第64至215帧。

（59）将鼠标指针移至时间轴"水滴"图层第64至215帧间的任意一帧，单击鼠标右键，弹出如图16-1-65所示的快捷菜单。

图 16-1-66

（60）单击快捷菜单中的"删除帧"命令，删除选中的帧，此时在时间轴上的"水滴"图层如图16-1-66所示。

图 16-1-67

（61）单击时间轴面板的"插入图层"按钮，新建图层8并命名为"水波纹"，如图16-1-67所示。

（62）单击时间轴"水波纹"图层第63帧，按F7键插入空白关键帧。

（63）从库面板中拖动"水波效果"元件到舞台中。

（64）按图 16-1-68 所示设置信息面板中各项的值。

（65）从库面板中拖动"水波效果 1"元件到舞台中。

（66）按图 16-1-69 所示设置信息面板中各项的值。

（67）从库面板中拖动"水波效果 2"元件到舞台中。

（68）按图 16-1-70 所示设置信息面板中各项的值。

图 16-1-68   图 16-1-69   图 16-1-70

（69）单击时间轴"水波纹"图层第 75 帧，按住 Shift 键单击第 215 帧，全选第 75 到第 215 帧。

（70）将鼠标指针移至时间轴"水波纹"图层第 75 到第 215 帧之间的任意一帧，单击鼠标右键，弹出快捷菜单。

（71）在快捷菜单中选择"删除帧"命令，删除时间轴"水波纹"图层第 75 到第 215 帧的所有帧，此时时间轴如图 16-1-71 所示。

图 16-1-71

（72）单击"控制→测试影片"命令，查看这段动画的效果并适当调整。

（73）单击时间轴面板的"插入图层"按钮，新建图层 9 并命名为"山水画"。

（74）拖动"山水画"图层到图层的最下方，结果如图 16-1-72 所示。

图 16-1-72

（75）单击时间轴"山水画"图层的第 24 帧，按 F7 键插入空白关键帧。

（76）从库面板中拖动"山水画"元件到舞台中。

（77）按图 16-1-73 所示设置信息面板中各项的值。

图 16-1-73

（78）单击时间轴"山水画"图层的第 63 帧，按 F6 键插入关键帧。

（79）单击时间轴"山水画"图层的第 24 帧，在属性面板中设置补间为"动画"。

（80）单击舞台中的"山水画"元件实例，在属性面板中设置颜色为"Alpha、0%"，如图 16-1-74 所示。

图 16-1-74

（81）单击时间轴"山水画"图层的第83帧，按F6键插入关键帧。

（82）单击时间轴"山水画"图层的第63帧，在属性面板中设置补间为"动画"。

（83）单击舞台中的"山水画"元件实例，在属性面板中设置颜色为"Alpha、40%"，如图16-1-75所示。

图16-1-75

图16-1-76

图16-1-77

（84）单击时间轴面板的"插入图层"按钮，新建图层10并命名为"中心"，如图16-1-76所示。

（85）单击时间轴"中心"图层的第76帧，按F7键插入空白关键帧。

（86）从库面板中拖动"中心"元件到舞台中。

（87）按图16-1-77所示设置信息面板中各项的值。

（88）单击时间轴"中心"图层的第83帧，按F6键插入关键帧。

（89）单击时间轴"中心"图层的第76帧，在属性面板中设置补间为"动画"。

（90）单击舞台中的"中心"元件实例，在属性面板中设置颜色为"Alpha、0%"，如图16-1-78所示。

图16-1-78

（91）单击时间轴"中心"图层的第121帧，按F6键插入关键帧。

（92）单击舞台中的"中心"元件实例，在属性面板中设置颜色为"Alpha、0%"，如图16-1-79所示。

图16-1-79

（93）单击时间轴"中心"图层的第83帧，在属性面板中设置补间为"动画"。

图16-1-80

（94）单击时间轴面板的"插入图层"按钮，新建图层11并命名为"中心1"，如图16-1-80所示。

（95）单击时间轴"中心1"图层的第123帧，按F7键插入空白关键帧。

（96）从库面板中拖动"中心1"元件到舞台中。

（97）按图16-1-81所示设置信息面板中各项的值。

图16-1-81

（98）单击时间轴面板"中心1"图层的第127帧，按F6键插入关键帧。

（99）按图16-1-82所示设置信息面板中各项的值。

图16-1-82

（100）单击时间轴面板"中心1"图层的第123帧，在属性面板中设置补间为"动画"。

（101）单击时间轴面板的"插入图层"按钮，新建图层12并命名为"中心2"，如图16-1-83所示。

图16-1-83

（102）单击时间轴"中心2"图层的第125帧，按F7键插入空白关键帧。

（103）从库面板中拖动"中心2"元件到舞台中。

（104）按图16-1-84所示设置信息面板中各项的值。

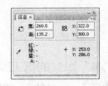

图16-1-84

（105）单击时间轴"中心2"图层的第129帧，按F6键插入关键帧。

（106）按图16-1-85所示设置信息面板中各项的值。

图16-1-85

（107）单击时间轴"中心2"图层的第125帧，在属性面板中设置补间为"动画"。

（108）单击时间轴面板的"插入图层"按钮，新建图层13，并命名为"中心3"，如图16-1-86所示。

图16-1-86

（109）单击时间轴"中心3"图层的第127帧，按F7键插入空白关键帧。

（110）从库面板中拖动"中心3"元件到舞台中。

（111）按图16-1-87所示设置信息面板中各项的值。

图16-1-87

图 16-1-88

（112）单击时间轴"中心 3"图层的第 131 帧，按 F6 键插入关键帧。

（113）按图 16-1-88 所示设置信息面板中各项的值。

（114）单击时间轴"中心 3"图层的第 127 帧，在属性面板中设置补间为"动画"。

图 16-1-89

（115）单击时间轴面板的"插入图层"按钮，新建图层 14 并命名为"中心 4"，如图 16-1-89 所示。

（116）单击时间轴"中心 4"图层的第 129 帧，按 F7 键插入空白关键帧。

（117）从库面板中拖动"中心 4"元件到舞台中。

图 16-1-90

（118）按图 16-1-90 所示设置信息面板中各项的值。

（119）单击时间轴"中心 4"图层的第 133 帧，按 F6 键插入关键帧。

（120）按图 16-1-91 所示设置信息面板中各项的值。

图 16-1-91

（121）单击时间轴"中心 4"图层的第 129 帧，在属性面板中设置补间为"动画"。

（122）单击时间轴"山水画"图层的第 120 帧，按 F6 键插入关键帧。

（123）单击时间轴"山水画"图层的第 127 帧，按 F6 键插入关键帧。

（124）单击时间轴"山水画"图层的第 120 帧，在属性面板中设置补间为"动画"。

（125）单击舞台中的"山水画"元件实例，在属性面板中设置颜色为"Alpha、0%"，如图 16-1-92 所示。

图 16-1-92

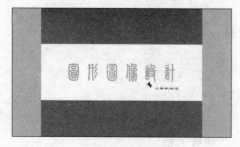

图 16-1-93

注：这样可以形成一种瞬间闪光的效果，流畅地导出"中心 1"到"中心 4"这 4 个元件出场。图 16-1-93 至图 16-1-95 所示为效果展示。

图16-1-94 图16-1-95

（126）执行"控制→测试影片"命令，检查影片效果并适当调整。

（127）单击时间轴"山水画"图层的第179帧，按住Shift键单击时间轴"中心4"图层的第215帧，全选时间轴"山水画"图层的第179帧至时间轴"中心4"图层的第215帧之间的所有帧，结果如图16-1-96所示。

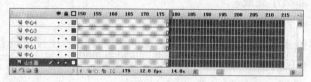

图16-1-96

（128）将鼠标指针移至被选中的任意帧位置，单击鼠标右键，弹出快捷菜单。

（129）在弹出的快捷菜单中选择"删除帧"，删除所有选中的帧。

（130）单击时间轴面板的"插入图层"按钮，新建图层15并命名为"公司主题"，如图16-1-97所示。

图16-1-97

（131）单击时间轴"公司主题"图层的第179帧，按F7键插入空白关键帧。

（132）从库面板中拖动"公司标"元件到舞台中。

（133）按图16-1-98所示设置信息面板中各项的值。

图16-1-98

（134）单击时间轴"帷幕下"图层的第143帧，按F6键插入关键帧。

（135）单击时间轴"帷幕下"图层的第179帧，按F6键插入关键帧。

（136）单击时间轴"帷幕下"图层的第215帧，按F6键插入关键帧。

（137）单击时间轴"帷幕下"图层的第143帧，在属性面板中设置补间为"动画"。

（138）单击时间轴"帷幕下"图层的第179帧，按图16-1-99所示设置信息面板中各项的值。

（139）在属性面板中设置补间为"动画"。

图16-1-99

（140）单击时间轴"帷幕上"图层的第143帧，按F6键插入关键帧。

（141）单击时间轴"帷幕上"图层的第179帧，按F6键插入关键帧。

（142）单击时间轴"帷幕上"图层的第215帧，按F6键插入关键帧。

（143）单击时间轴"帷幕上"图层的第143帧，在属性面板中设置补间为"动画"。

（144）单击时间轴"帷幕上"图层的第179帧，按图16-1-100所示设置信息面板中各项的值。

图16-1-100

（145）在属性面板中设置补间为"动画"。

（146）执行"控制→测试影片"命令，查看影片，对不足的地方进行修正。

至此，本实例全部制作完成。

在本例制作过程中有以下几个地方需要注意：

（1）实例的关键帧或者说当有新的元件实例进入舞台时，往往也是音乐节奏起变化的地方，通过时间轴存放音乐的图层可以很容易地设定关键帧，从而使画面的变化和音乐同步，如图16-1-101所示。

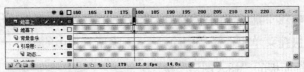

图16-1-101

（2）制作较复杂元件时，先制作较简单的部分，再利用元件间可以互相调用的特点，逐步组合或变形得到最终所需的元件，如本例中"转动标识"元件的制作。

16.2　小　结

本章制作了一个片头动画，帮助读者进一步掌握本书讲解的内容，了解Flash动画的一些基本制作方法，如图片的导入、获得连续的静态图片、补间动画、元件建立等。

16.3　练　习

上机练习

（1）试着将一段影片的内容变为连续的静态图片。

（2）导入一张静态图片，并将这张图片制作成元件。将制作成元件的图片拖动到舞台，调整该元件实例的各种颜色属性。

（3）试着导入几张连续的静态图片，将这些图片制作成一个连续的影片剪辑元件。

（4）使用形状补间动画功能制作一个水波纹效果。

附录1 Flash CS3快捷键

工具栏中工具的快捷键

图　标	名　称	快捷键
	选择工具	V
	部分选取工具	A
	任意变形工具	Q
	渐变变形工具	F
	套索工具	L
	钢笔工具	P
	添加锚点工具	=
	删除锚点工具	-
	转换锚点工具	C
	文本工具	T
	线条工具	N
	矩形工具	R
	椭圆工具	O
	基本矩形工具	R
	基本椭圆工具	O
	铅笔工具	Y
	刷子工具	B
	墨水瓶工具	S
	颜料桶工具	K
	滴管工具	I
	橡皮擦工具	E
	手形工具	H
	缩放工具	M、Z

文件菜单栏中的快捷键

命　令	快捷键
新建	Ctrl+N
打开	Ctrl+O
浏览	Ctrl+Alt+O
关闭	Ctrl+W
全部关闭	Ctrl+Alt+W
保存	Ctrl+S
另存为	Ctrl+Shift+S
导入→ 导入到舞台	Ctrl+R
导入→打开外部库	Ctrl+Shift+O
导出→导出影片	Ctrl+Alt+Shift+S
发布设置	Ctrl+Shift+F12
发布预览→默认	F12
发布	Shift+F12
打印	Ctrl+P
退出	Ctrl+Q

编辑菜单栏中的快捷键

命　令	快捷键
撤销	Ctrl+Z
重做	Ctrl+Y
剪切	Ctrl+X
复制	Ctrl+C
粘贴到中心位置	Ctrl+V
粘贴到当前位置	Ctrl+Shift+V
清除	BackSpace
直接复制	Ctrl+D
全部选择	Ctrl+A
取消全选	Ctrl+Shift+A
查找和替换	Ctrl+F
查找下一个	F3
时间轴→删除帧	Shift+F5

命　令	快捷键
时间轴→剪切帧	Ctrl+Alt+X
时间轴→复制帧	Ctrl+Alt+C
时间轴→粘贴帧	Ctrl+Alt+V
时间轴→清除帧	Alt+BackSpace
时间轴→选择所有帧	Ctrl+Alt+A
编辑元件	Ctrl+E
首选参数	Ctrl+U

视图菜单栏中的快捷键

命　令	快捷键
转到→第一个	Home
转到→上一个	Page UP
转到→下一个	Page Down
转到→最后一个	End
放大	Ctrl+=
缩小	Ctrl+−
缩放比率→100%	Ctrl+1
缩放比率→400%	Ctrl+4
缩放比率→800%	Ctrl+8
缩放比率→显示帧	Ctrl+2
缩放比率→显示全部	Ctrl+3
外边框	Ctrl+Alt+Shift+O
预览模式→高速显示	Ctrl+Alt+Shift+F
预览模式→清除锯齿	Ctrl+Alt+Shift+A
预览模式→清除文字锯齿	Ctrl+Alt+Shift+T
粘贴板	Ctrl+Shift+W
标尺	Ctrl+Alt+Shift+R
网格→显示网格	Ctrl+'
网格→编辑网格	Ctrl+Alt+G
辅助线→显示辅助线	Ctrl+;
辅助线→锁定辅助线	Ctrl+Alt+;

续表

命 令	快 捷 键
辅助线→编辑辅助线	Ctrl+Alt+Shift+G
贴紧→贴紧至网格	Ctrl+Shift+'
贴紧→贴紧至辅助线	Ctrl+Shift+；
贴紧→紧贴至对象	Ctrl+Shift+/
贴紧→编辑贴紧方式	Ctrl+/
隐藏边缘	Ctrl+H
显示形状提示	Ctrl+Alt+H

插入菜单栏中的快捷键

命 令	快 捷 键
新建元件	Ctrl+F8
时间轴→帧	F5

修改菜单栏中的快捷键

命 令	快 捷 键
文档	Ctrl+J
转换成元件	F8
分离	Ctrl+B
形状→优化	Ctrl+Alt+Shift+C
形状→添加形状提示	Ctrl+Shift+H
时间轴→分散到图层	Ctrl+Shift+D
时间轴→转换为关键帧	F6
时间轴→清除关键帧	Shift+F6
时间轴→转换为空白关键帧	F7
变形→缩放和旋转	Ctrl+Alt+S
变形→顺时针旋转90度	Ctrl+Shift+9
变形→逆时针旋转90度	Ctrl+Shift+7
变形→取消变形	Ctrl+Shift+Z
排列→移到顶层	Ctrl+Shift+↑

续表

命 令	快 捷 键
排列→上移一层	Ctrl+↑
排列→下移一层	Ctrl+↓
排列→移到底层	Ctrl+Shift+↓
锁定	Ctrl+Alt+L
全部解除锁定	Ctrl+Alt+Shift+L
对齐→左对齐	Ctrl+Alt+1
对齐→水平居中	Ctrl+Alt+2
对齐→右对齐	Ctrl+Alt+3
对齐→顶对齐	Ctrl+Alt+4
对齐→垂直居中	Ctrl+Alt+5
对齐→底对齐	Ctrl+Alt+6
对齐→按宽度均匀分布	Ctrl+Alt+7
对齐→按高度均匀分布	Ctrl+Alt+9
对齐→设为相同宽度	Ctrl+Alt+Shift+7
对齐→设为相同高度	Ctrl+Alt+Shift+9
组合	Ctrl+G
取消组合	Ctrl+Shift+G

文本菜单栏中的快捷键

命 令	快 捷 键
样式→正常	Ctrl+Shift+P
样式→粗体	Ctrl+Shift+B
样式→斜体	Ctrl+Shift+I
对齐→左对齐	Ctrl+Shift+L
对齐→居中对齐	Ctrl+Shift+C
对齐→右对齐	Ctrl+Shift+R
对齐→两端对齐	Ctrl+Shift+J
字母间距→增加	Ctrl+Alt+→
字母间距→减小	Ctrl+Alt+←
字母间距→重置	Ctrl+Alt+↑

控制菜单栏中的快捷键

命 令	快 捷 键
播 放	Enter
后 退	Ctrl+Alt+R
测试影片	Ctrl+Enter
测试场景	Ctrl+Alt+Enter
测试项目	Ctrl+Alt+P
启用简单帧动作	Ctrl+Alt+F
启用简单按钮	Ctrl+Alt+B
静音	Ctrl+Alt+M

调试菜单栏中的快捷键

命 令	快 捷 键
调试影片	Ctrl+Shift+Enter
继续	Alt+F5
结束调试会话	Alt+F12
跳入	Alt+F6
跳过	Alt+F7
跳出	Alt+F8
删除所有断点	Ctrl+Shift+B

窗口菜单栏中的快捷键

命 令	快 捷 键
直接复制窗口	Ctrl+Alt+K
时间轴	Ctrl+Alt+T
工具	Ctrl+F2
属性→属性	Ctrl+F3
库	Ctrl+L
动作	F9
行为	Shift+F3
编译器错误	Alt+F2
调试器面板→ActionScript 2.0调试器	Shift+F4

命 令	快 捷 键
影片浏览器	Alt+F3
输出	F2
项目	Shift+F8
对齐	Ctrl+K
颜色	Shift+F9
信息	Ctrl+I
样本	Ctrl+F9
变形	Ctrl+T
组件	Ctrl+F7
组件检查器	Shift+F7
其他面板→辅助功能	Shift+F11
其他面板→历史记录	Ctrl+F10
其他面板→场景	Shift+F2
其他面板→字符串	Ctrl+F11
其他面板→Web服务	Ctrl+Shift+F10
隐藏面板	F4

帮助菜单栏中的快捷键

命 令	快 捷 键
使用Flash帮助	F1

附录2 售后服务

在购买教材后，若有疑问，可登录网站"www.todayonline.cn"，进入网站后，首页如图附2-1所示。

图附2-1

单击"学习论坛"，进入如图附2-2所示的"今日在线学习论坛"界面。

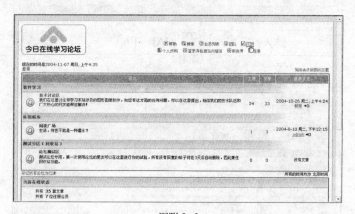

图附2-2

单击"注册"，进入如图附2-3所示的界面，然后根据情况选择以下3个条款之一，这里以选择第1个条款为例。

图附2-3

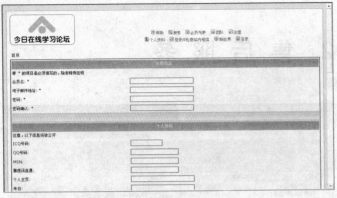

图附 2-4

单击"我同意以上条文（而且我已满13周岁）"，进入如图附2-4所示的界面。

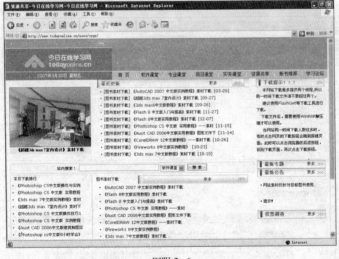

图附 2-5

输入注册信息和个人资料，全部输入完毕后，单击"提交"按钮，如图附 2-5 所示。

注册成功后，将你的问题提交到论坛上，我们将在一周之内予以回复。

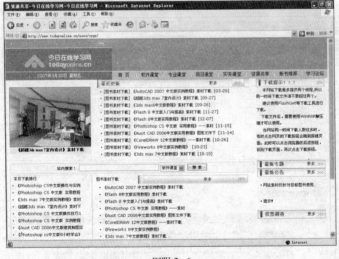

图附 2-6

如果需书中所使用的素材，请登录www.todayonline.cn下载。登录到该网站后，单击"资源共享"，进入如图附 2-6 所示的界面进行下载。

如果该页面中没有显示所需素材，请单击"更多内容"按钮，在弹出的页面中有全部素材列表。

提示：

文件下载后请用 WinZip 软件解压缩。